図解即戦力

豊富な図解と丁寧な解説で、
知識0でもわかりやすい！

機械学習&ディープラーニングのしくみと技術がしっかりわかる教科書

これ1冊で

株式会社アイデミー
山口達輝｜松田洋之 著

技術評論社

はじめに

「人工知能」「機械学習」「ディープラーニング」といった言葉がバズワードのごとくメディアを賑わせています。先日公表された経済産業省の試算でも、2030年に日本のAIエンジニアは需要に対して12万人不足するとされました。時代の流れはまさしく、人工知能を専門としない多くの人々に対しても機械学習の活用を要求しているといえます。

ここ数年で、さまざまな機械学習用プログラミングライブラリやプログラミングを必要としない機械学習サービスが普及してきました。専門家でなくともデータを用意しこれらを利用すれば、何かしらの結果を得ることができます。しかし機械学習アルゴリズムの中で何が行われているのかがわからないのに、その結果をビジネスなどの重要な場で無根拠に信頼して利用することは危険であると言わざるを得ません。一般的なITエンジニアリングは、初心者から上級者までのレベルを網羅するよう、Web記事や専門書によるさまざまな解説が用意されています。しかし機械学習の習得においては、Web記事に顕著なように「すぐ読める」ことに重きを置いている印象を受けます。そのぶん必要な説明までも省いてしまっているテキストが多く、機械学習の根幹を理解するに足るものは少ないといえます。その一方で、専門書は数式に頼った説明が多く、これからAIエンジニアを目指す人にとって高すぎるハードルとなってしまっています。

本書は、これらの間にある溝を埋めるような解説を行っています。そのため、数式での説明に傾倒しわかりやすさを犠牲にした解説は行っていません。AIエンジニアとして理解しておかなくてはならないことを、例示と図版で噛み砕きつつ、正確な表現を心がけて書きました。本書を通して機械学習の面白さと可能性に触れていただき、一人でも多くの方に、機械学習の世界へと足を踏み入れていただけることを期待しています。

山口 達輝

目次　Contents

1章 人工知能の基礎知識

2章 機械学習の基礎知識

3章

機械学習の
プロセスとコア技術

4章

機械学習のアルゴリズム

5章
ディープラーニングの基礎知識

6章
ディープラーニングのプロセスとコア技術

7章
ディープラーニングのアルゴリズム

8章 システム開発と開発環境

ご注意：ご購入・ご利用の前に必ずお読みください

■ 免責

本書に記載された内容は、情報の提供のみを目的としています。したがって、本書を用いた運用は、必ずお客様自身の責任と判断によって行ってください。これらの情報の運用の結果について、技術評論社および著者は、いかなる責任も負いません。

また、本書に記載された情報は、特に断りのない限り、2019年7月末日現在での情報を元にしています。情報は予告なく変更される場合があります。

以上の注意事項をご承諾いただいた上で、本書をご利用願います。これらの注意事項をお読み頂かずにお問い合わせ頂いても、技術評論社および著者は対処しかねます。あらかじめご承知おきください。

■ 商標、登録商標について

本書中に記載されている会社名、団体名、製品名、サービス名などは、それぞれの会社・団体の商標、登録商標、商品名です。なお、本文中に™マーク、®マークは明記しておりません。

1章

人工知能の基礎知識

機械学習もディープラーニングも、人工知能を発展させるべく誕生した手法です。そのため、両者を理解するには、まず人工知能についてきちんと知っておく必要があります。そこでこの章では、人工知能の定義を学んだあと、機械学習やディープラーニングがどのような役割を期待されているのかを知ることで、基礎を固めていきましょう。

01 人工知能とは

人工知能という言葉が初めて登場したのは、1956年に行われたダートマス会議です。この会議では、コンピュータに知的な情報処理をさせるため議論が交わされました。それから半世紀以上が経過した現在、人工知能はどう定義されているのでしょうか。

定義のあいまいな人工知能

人工知能（Artificial Intelligence）の定義は、かんたんではありません。

まず「人工」という言葉からは、人間と機械を分ける基準は何であるのか、という問いが生まれます。また「知能」という言葉には、何をもって知能といえるのか、という問いを投げかけることができるでしょう。これら2つの問いに答えられなければ、人工知能の定義はできないのです。

事実、第一線で活躍している研究者でさえさまざまな答えを出しており、具体的には定まっていないのが現状です。

そのため、大まかに「**人間と同じような知的処理を行うことのできる技術や機械**」と定義付けたうえで、用途によってその都度、さまざまな用語を学んでいくのがよいでしょう。

■ 人工知能の定義

人工知能の分類方法

人工知能の定義は困難ですが、いくつかに分類することは可能です。

そのうちの1つは、哲学者のジョン・サールによる「**強い人工知能**」と「**弱い人工知能**」という分類で、人工知能の認知的状態に着目しています。

強い人工知能とは、知能そのものを模倣することで、人間と同じような認知的状態を持った機械のことです。ドラえもんや鉄腕アトムといったマンガ作品のキャラクターを思い浮かべるとわかりやすいでしょう。圧倒的な計算能力によって機械が人間を超えてしまう、いわゆる「シンギュラリティ」をもたらすと言われているのも、強い人工知能です。

一方の弱い人工知能とは、人間の（知能に基づく）行動を模倣することで、人間の能力の一部を代替できる機械のことです。こちらは、将棋やオセロを指すコンピュータのほか、のちに詳しく学んでいく画像認識などをイメージするとわかりやすいでしょう。これらの人工知能は知的に振る舞っているように見えますが、人工知能自体が自己の存在について何らかの認知を持っているわけではありません。

■ 強い人工知能と弱い人工知能

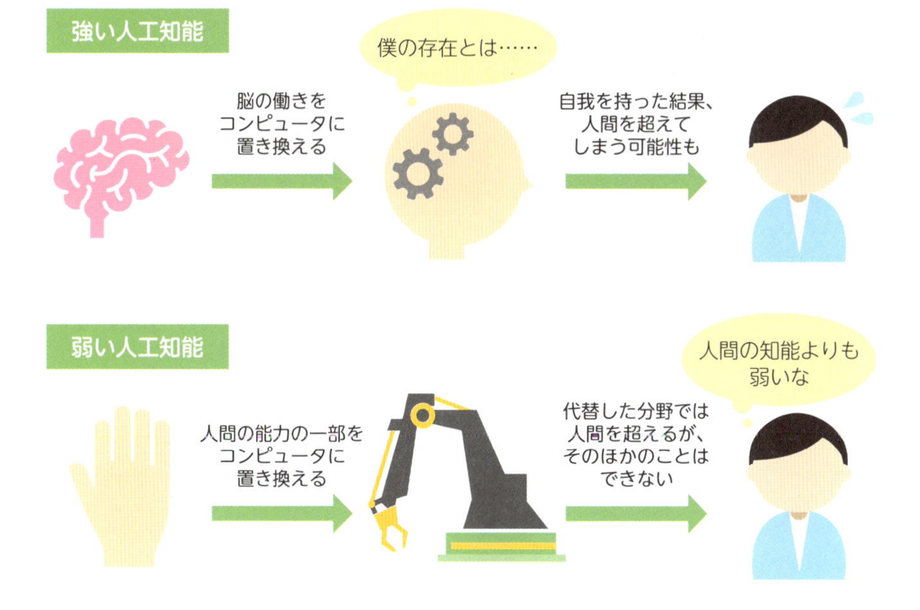

2つ目は、「**汎用人工知能**」と「**特化型人工知能**」という分類で、これは対象となる分野に着目しています。

まず、汎用人工知能はその名の通り対象となる分野が広く、設計時には想定されていない状況でも対処できます。これに対して特化型人工知能は、限定的な状況・目的においてのみ知的な振る舞いを見せるものです。

現在実現している人工知能は、ほぼすべてが特定のタスクのみに特化しているため、特化型人工知能といえるでしょう。iRobot社のルンバなどは、掃除に特化した特化型人工知能の代表例です。仮に掃除だけでなく、料理も子育てもできるようなヘルパーとしてのロボットが開発されれば、汎用人工知能に分類されます。

今回の分類は、知能そのものではなく対象となる分野に着目している点で「強い人工知能と弱い人工知能」の分類とは異なります。ただし、分類の結果自体はほぼ変わらないと考えてよいでしょう。

■「家事」という分野における汎用人工知能と特化型人工知能

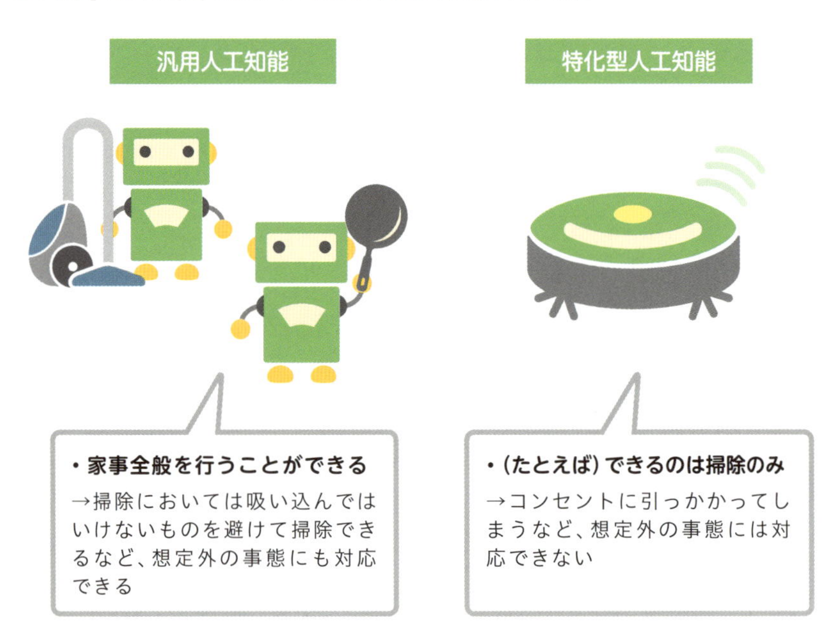

3つ目は「**人工知能の発展段階**」に着目した分類です。もっとも低い段階であるレベル1は、単純な制御プログラムのことで、制御工学やシステム工学と呼ばれる技術を、家電などのマーケティングのために人工知能と呼んでいるに過ぎません。レベル2は、古典的な人工知能です。入力と出力の組み合わせの数が多いため、レベル1よりも複雑な問いに答えられますが、知識の枠組みの外にある問いには答えられません。

レベル3が、主に本書でも扱う機械学習を取り入れた人工知能です。検索エンジンなどに使われており、データをもとに、ルールや知識を自ら学習していく点が特徴です。そしてレベル4は、主にディープラーニングを取り入れた人工知能です。機械学習では通常、データの特徴をよく表す「特徴量」の導出方法を前もって組み込む必要がありますが、ディープラーニングではデータを読み込むだけで特徴量の抽出を行ってくれます。機械学習やディープラーニングについては、後のページで詳しく解説します。

■ 4つの発展段階

まとめ

- **人工知能そのものの定義は難しいため、用途に分けて考える**

02 機械学習（ML）とは

機械学習とは人工知能の分類の1つで、効率的かつ効果的にコンピュータが学習を行うための理論体系を指します。適切な処理を行えば、入力されたデータをもとに数値を予測したり最適化したりできるため、さまざまな分野で活用されています。

人工知能のカギとなる機械学習

コンピュータがより高度な認識能力を持つためには、どのような基準をもとに振る舞えばよいかを決める必要があります。この基準のことを、**パラメータ**といいます。たとえば人間の画像を見て、子供か大人かを判断する人工知能があり、身長によって子供か大人かを判断しているとします。このとき、身長がパラメータにあたります。機械学習は、入力されたデータをもとに、もっとも正しい振る舞いをするパラメータを自動的に決定（学習）できるため、人工知能発展のカギと見られています。

機械学習以前は、データを丸暗記する暗記学習が主流でしたが、これでは未知のデータに対して答えを出せませんでした。しかし近年、情報技術の発展により、**ビッグデータ**と呼ばれる大量のデータが低コストで入手・蓄積できるようになったことで状況が変わりました。ビッグデータを使って試行錯誤をくり返し、未知のデータに対しても答えを出すことが可能になっています。とはいえ現在でも、機械学習に必ずビッグデータを用いるというわけではありません。

■ 暗記学習とは一線を画す機械学習

	点数	合否
A	100	○
B	90	○
C	80	○
D	70	×
E	85	?

Eの合否は？

暗記学習　データがないので不明です

機械学習　○です

機械学習のプロセス

機械学習では、コンピュータが入力データを受け取り、学習モデルを使って計算結果を出力します。**学習モデル**とは、あるデータを入力すると、より適切な意思決定のためのデータを出力してくれる、いわば人工知能の脳のことです。

最初に行うのは、期待される出力データ（ラベル、教師信号）と学習モデルが計算した結果を比較し、学習モデルを修正する作業です。修正をくり返したのちに、最終的な学習モデルを保存すると、学習の処理は終えたことになります。なお、学習モデルは、単に「モデル」とも呼ばれます。

以上を踏まえて、手書き数字の分類を行ってみましょう。用意するのは、大量の手書き数字（0〜9）の画像データです。この画像データは、画像とその画像が表す数字（正解）がセットになっています。これらを学習モデルに入力すると、最初はでたらめな値が出力されます。0の手書き数字の画像を入力しても、出力は1になるかもしれません。このでたらめな出力値と正解の数字を比較し、学習モデルを修正します。修正をくり返すことで、次第に出力値が正解の数字になっていきます。学習モデルが完成したら、その学習モデルに手書き数字を読み込ませ、出力値を利用することで数字の画像認識を行います。

■ 機械学習を用いた画像認識の過程

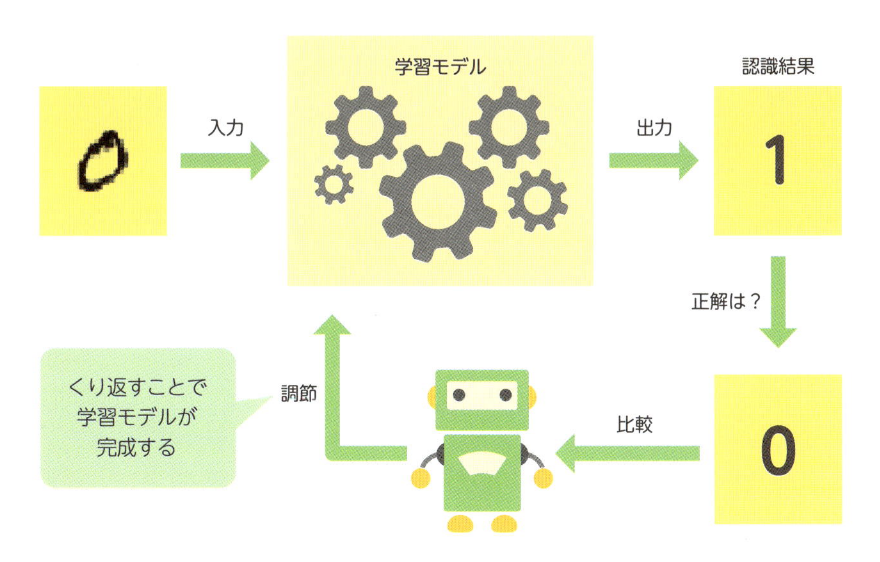

機械学習が扱う問題（分類と回帰）

機械学習の問題は、大きく**分類**と**回帰**に分けられます。まず分類は、どのデータがどの種類に属すかを見ることが目的です。入力されるデータがいくつかのグループに分けられることを前提として、グループ内での細かな違いを無視することになります。

一方の回帰は、データの傾向を見ることが目的です。分類とは反対に、入力されるデータを1つのグループとして扱ったうえで、そのグループ内での違いを分析することになります。

グラフ上にデータがプロット（書き込むこと）されているとすれば、分類はデータ全体をできるだけ分けるように線を引くこと、回帰はデータ全体にできるだけ重なるように線を引くことに相当します。以上はごくざっくりとした整理ですが、まずはそのように捉えてください。

■ 分類と回帰

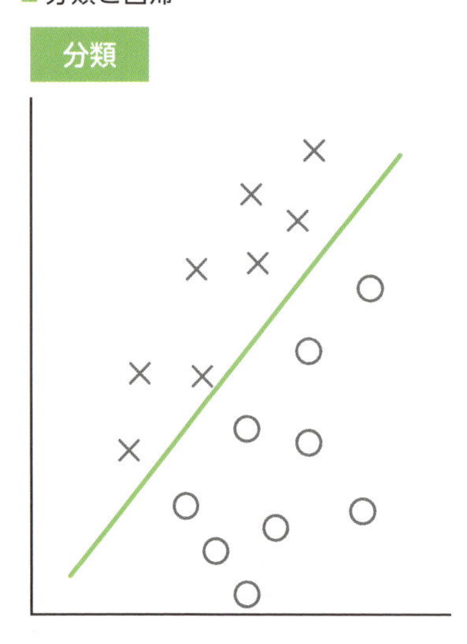

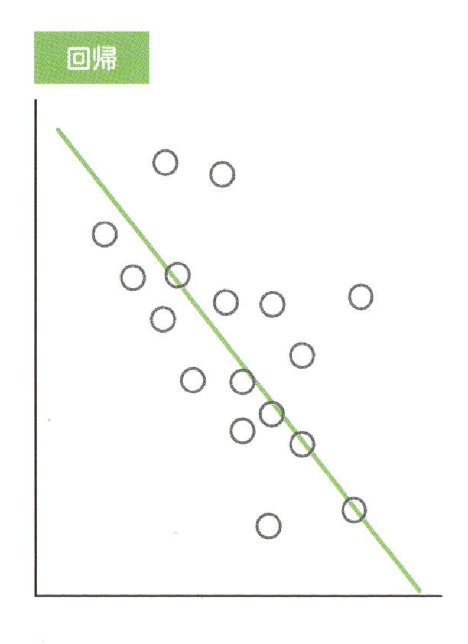

次ページからは具体例です。地図上にA店とB店というチェーンの小売店が2店舗あるとしましょう。そして、地図内に存在する家庭をランダムに抽出し、「A店とB店のどちらをどれくらい利用するか」という割合を調査したとします。

そのうえで、まずは分類を行ってみましょう。

分類では、2つの小売店のうち、利用する割合によって、各家庭を「A店派の家庭」と「B店派の家庭」というように分けます。下図左で確認すると、どの家庭も基本的には自宅から近いスーパーを使っていることがわかります。これらを分類するため、地図上に線を書いてみましょう。この線は、A店派とB店派をできるだけ引き離すように書きます。この線を参照すれば、調査を行わなかった家庭であっても、A店派なのかB店派なのか予測が立てやすくなります。

次に、回帰です。回帰では、各家庭におけるA店とB店を利用する割合をそのまま使います。これを地図上にプロットすると、下図右の通り、やはり自宅に近いスーパーを利用する割合が高くなっています。回帰では、この傾向をよく反映するように線を引きます。今回の場合であればA店とB店を結ぶ線を引き、A店側を「A100%」、B店側を「A0%（＝B100%）」と定義すればよいのです。この線のどこに近いかで、調査を行わなかった家庭であっても、A店とB店の利用割合を予測できるというわけです。

■ 小売店を例にみる分類と回帰

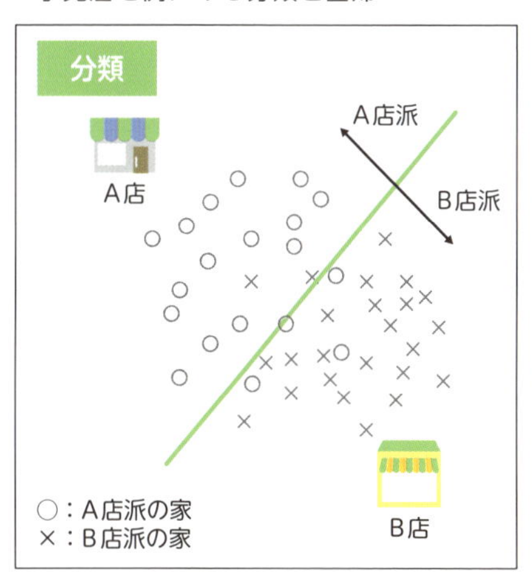

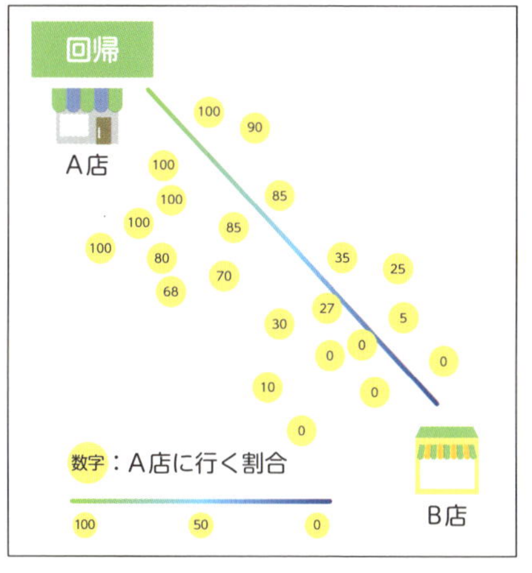

まとめ

- 機械学習の問題は大きく分類、回帰に分けられる

03 ディープラーニング（DL）とは

ディープラーニングも機械学習の手法の1つですが、学習モデルが正解しやすいように人間がデータを加工するのではなく、学習モデルが自ら「特徴量」を抽出して学習していくという点に大きな違いがあります。

認識にすぐれたディープラーニング

Section02では触れませんでしたが、従来型の機械学習には大きな欠点がありました。それは、手元のデータをいきなり入力することができず、モデルが学習しやすいように、あらかじめ人間がデータを加工しなければならないという点です。ここでの加工とは、特徴の強弱を表す数値（**特徴量**）を数学的に算出することです。手書き文字の認識であれば、画像の「線の曲がり具合」「字の輪郭」「線のつながり方」、音声認識であれば「声の高さ」「声の大きさ」などを考えるとわかりやすいでしょう。

しかし、モデルが学習しやすいであろう特徴量を算出するのは、非常に難しいことでした。数式を駆使してどうにか数値化したとしても、モデルがその特徴を使ってうまく判別してくれるかどうかはわからないからです。一昔前の機械翻訳やカーナビの音声認識が使い物にならなかったのは、このような従来型の機械学習を使っていたためです。

そんな中、画期的な技術として台頭したのが**ディープラーニング**でした。ディープラーニングとは、脳の神経回路を模した**ニューラルネットワーク**と呼ばれる学習モデルを用いる機械学習のことです。入力層と出力層の間にある「**隠れ層**」が“深い”ことから、そう名付けられています。隠れ層とは「入力層から受け取った情報をさまざまな組み合わせで伝えていき、出力層に役立つ形に情報を変形して渡す」という役割を持つ層のことです。

ディープラーニングが画期的だったのは、**最適な特徴量を自動的に抽出**するという点です。2011年に音声認識の分野で従来型の機械学習を大幅に上回る精度を実現したのをきっかけに、2012年の画像分類コンペティションILSVRC

(IMAGENET Large Scale Visual Recognition Challenge) でも大幅な性能改善が実現されました。さらに2015年には、ディープラーニングを用いて開発された画像認識プログラムが人間の誤認識率といわれる5%を切るなど、その性能に拍車がかかっています。

■ 特徴量の判別は難しい

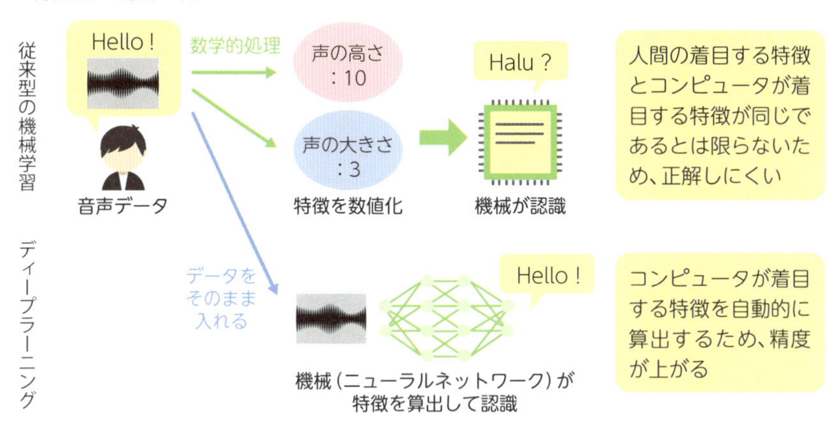

■ ILSVRC-2012における画像分類モデルの比較

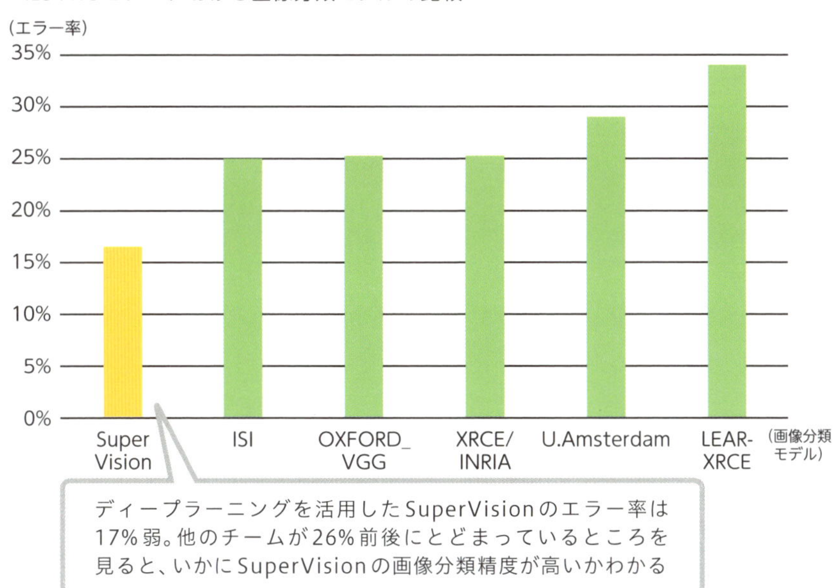

出典：http://image-net.org/challenges/LSVRC/2012/ilsvrc2012.pdf

Googleの猫とニューラルネットワーク

ディープラーニングが一般層にも広く知れ渡るようになったきっかけが、通称「Googleの猫」と呼ばれる研究です。この研究では、猫や人間が写った約1,000万枚の画像を、YouTubeからランダムに取得し、そこから200ピクセル×200ピクセルの画像を切り出して訓練データに用いました。

この訓練データを3日間かけてディープラーニングさせたところ、猫や人の顔画像に対して強く反応するニューラルネットワークが得られました。この研究を推し進めれば、赤ちゃんがものを認識し言葉を覚えるような、きわめて有機的なプロセスをコンピュータで再現できるのではないかという期待が広まっていったのです。

■ コンピュータが猫を理解するまで

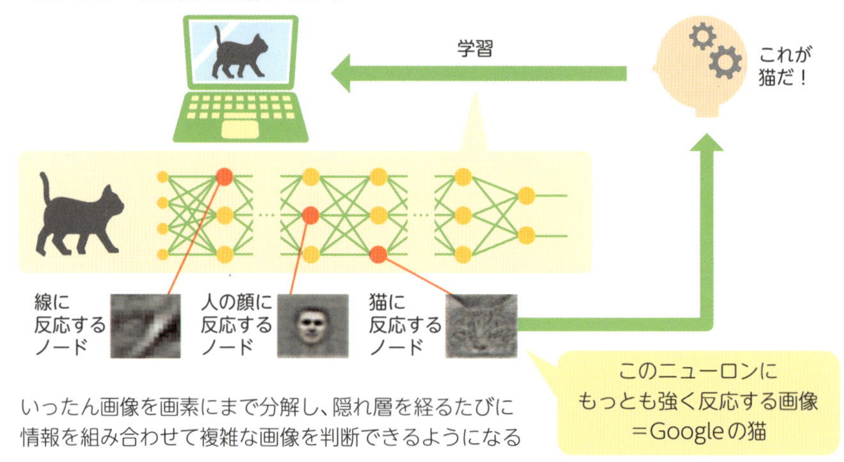

いったん画像を画素にまで分解し、隠れ層を経るたびに情報を組み合わせて複雑な画像を判断できるようになる

出典：https://arxiv.org/pdf/1112.6209.pdf

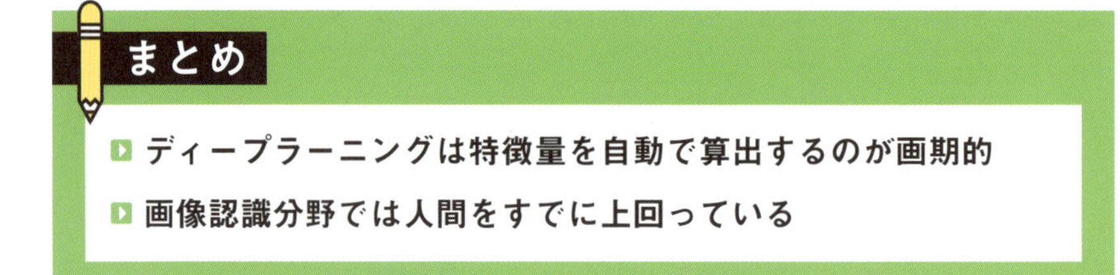

COLUMN 記号主義とコネクショニズム

人工知能という概念が初めて掲げられたダートマス会議では、記号主義とコネクショニズムという2つの立場が対立しました。記号主義は、人間の思考の対象はすべて記号化することができ（物理記号システム仮説）、その記号を論理的に操作することで知能を再現できるという立場です。対するコネクショニズムは、人間の脳の仕組みを模倣することで知能を再現できるという立場でした。

人工知能の黎明期の研究では記号主義が優勢でしたが、その過程でコンピュータには、言葉とそれが表す概念を関連付けるのが難しいことがわかりました。つまり、コンピュータに「りんごは赤い」「りんごは甘い」といった知識をインプットしたとしても、「赤い」「甘い」が指し示す実体験を理解させることは不可能ということです。これを、シンボルグラウンディング問題といいます。

一方、黎明期には劣勢だったコネクショニズムはどうでしょうか。以降の章でさらに詳しく解説していくディープラーニングは、ニューラルネットワークの採用によって実現した技術ですが、脳の仕組みを模倣したという点で、コネクショニズムの立場によったものといえるでしょう。近年の研究では、単語の分散表現と呼ばれる技術を用いることで「王様」-「男」+「女」=「女王」といった概念同士の演算を行えるようになってきています。しかし、単語の意味概念自体を理解するまでにはまだまだ時間がかかるとみられています。

04 人工知能と機械学習が普及するまで

ここでは、人工知能という技術をより深く知っていくことで、機械学習との関連性を学んでいきます。すでに一般的な言葉となったこれら2つの言葉は、歴史の中でそれぞれどのようなものとして認識されてきたのでしょうか。

もはや目新しい言葉ではない？

ここまで確認してきたように、機械学習は人工知能開発に有用な技術の1つであり、ディープラーニングは、学習モデルとして"深い"ニューラルネットワークを使った機械学習のことでした。

人工知能関連の技術というものは、ソフトやハードが普及するにしたがって「人工知能」として意識されなくなっていきます。下図は、「人工知能」「機械学習」「ディープラーニング」をキーワードとしたGoogleトレンドのグラフです。「人工知能」というキーワードが一旦大きく人気度を伸ばすものの、技術の普及にしたがって人気度が落ちているのがわかります。視覚や聴覚、あるいは発話といった人間の機能の一部を代替する、いわゆる「弱い人工知能」の存在は、日常生活であまり意識されないように設計されているため、言葉としての関心が薄まっていくのはある種の必然といえるでしょう。

■ Googleトレンドの動向（2004年〜）

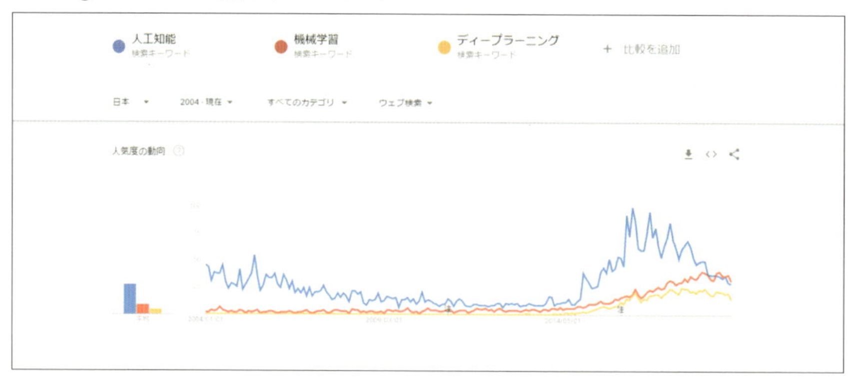

第1次人工知能ブーム

両者は歴史の中でどのように発展してきたのか振り返ってみましょう。

最初に人工知能がブームになったのは、1950年代から1960年代まででです。パソコンの始祖ともいえる汎用コンピュータの登場によって、情報をデジタルに記号化することで人間の脳の働きを再現できると考えられたのです。この時期、主な研究対象になったのは、オセロや囲碁、将棋など、狭いルールで運用されるゲームです。これらのゲームを、論理や推論、探索によって効率的にクリアする方法が模索されました。ゲームにおける人工知能は、何手も先を探索することで自分に有利になる手を見つけます。探索をすればするほど実行可能な手の組み合わせは爆発的に増加していくため、限られた計算時間で最大限の探索を行うことが求められました。結果として、効率的に探索を行うための経験則を用いた探索が行われるなど、論理・推論・探索による人工知能は閉じた世界の中で一定の発展を見せます。しかし、このような論理・推論・探索だけでは、現実の複雑な問題を解決できるような脳の働きを再現できないことが明らかになりました。こうして最初の人工知能ブームは終焉に向かうことになります。

■第1次人工知能ブーム

ゲームは解けるが……

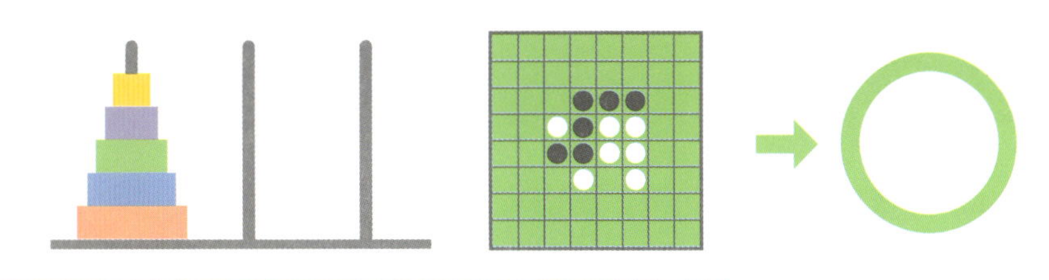

ルールや概念が明示的でない現実問題は太刀打ちできない

第2次人工知能ブーム

1980年代の第2次人工知能ブームでは、詰め込んだ膨大な知識を操作すれば人間のような知識が獲得できるという考えから、知識のインプットが重要視されました。その代表例が**エキスパートシステム**です。エキスパートシステムは、あらかじめインプットされている専門家の知識と、現在の状況を表すデータをもとに推論結果を導きます。医療分野であれば、患者の症状を聞き出し、病気に関する知識をもとに病名を判断する医師のような存在です。しかしコンピュータには常識がなく、また自身で知識を獲得する能力もないため、専門家の知識を人間が大量に教え込む必要がありました。また、知識が大量に与えられると、計算すべき組み合わせが爆発的に増大することも、発展を阻害する要因となりました。

■ 第2次人工知能ブーム

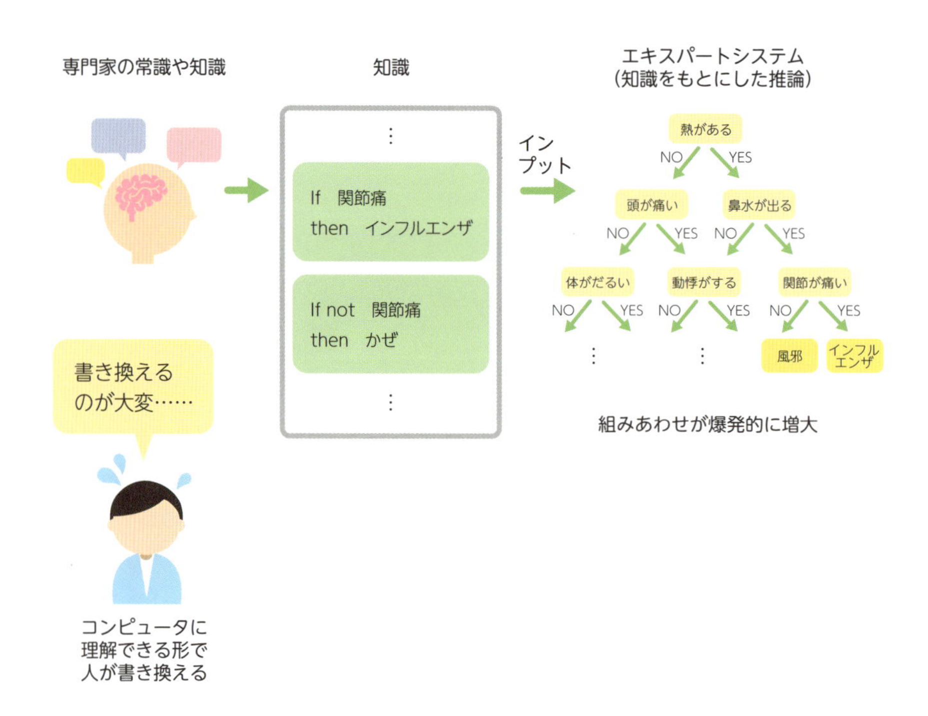

第3次人工知能ブーム

第2次人工知能ブームの終焉以降、**ソフトコンピューティング**と呼ばれる生命の柔軟性を模倣した計算方法が注目を集めるようになります。ニューラルネットワーク、ファジィ理論、遺伝的アルゴリズム、強化学習などがその代表例です。同時に、統計学を応用した機械学習（回帰分析など）の手法も地道に発展を続けていました。厳密な論理から曖昧かつ柔軟な理論への転換が、現在の人工知能ブームの萌芽となったのです。

そして、機械学習やディープラーニングを中心技術とした第3次人工知能ブームが2010年半ばから始まっていきました。このブームの背景にはビッグデータ蓄積と、大規模な分散計算やクラウド計算の発展があります。これまでの人工知能ブームでは、人工知能を作るためにコンピューターやデータを手元に置いておく必要がありました。しかし現在では、データの保存から計算結果の出力に至るまでの処理をGoogle、Amazon、Microsoftなどが提供するクラウド上で行うことができます。**処理を誰でもどこでも行えるようになったことが、人工知能普及のきっかけ**だったのです。

■ 第3次人工知能ブーム

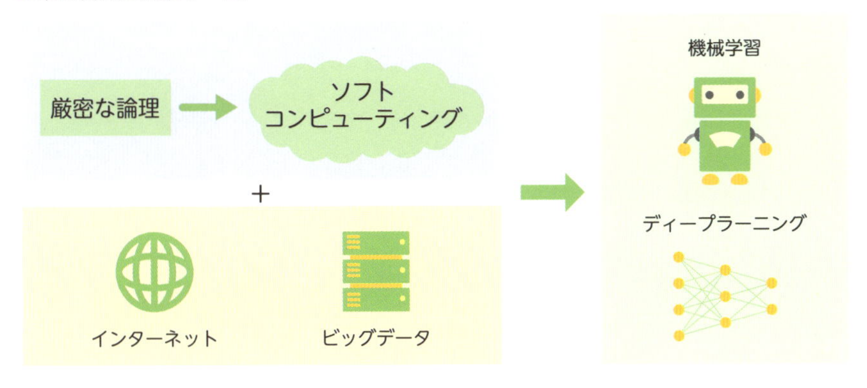

まとめ

- **現在の人工知能のブームは3回目である**

「芝麻（ジーマ）信用」とは？

人工知能を用いた技術の中でもとりわけ先進的な取り組みが、芝麻信用と呼ばれる中国の信用評価システムです。芝麻信用は、モバイル決済サービス「アリペイ」を運営するアント・フィナンシャルグループ（螞蟻金服）が開発しました。各人の信用スコアは、インターネット上の各種消費や行動データと金融機関における貸借データをもとに、ロジスティック回帰、決定木、ランダムフォレストなど、以降の章で学んでいく機械学習の手法を用いて計算されます。そのようにして算出された信用スコアは行為能力、人脈関係、信用歴史、履約能力、身分特質の5つの観点から評価され、350～950の総合スコアが算出されます。

この芝麻信用が高いと、いろいろな場所で保証金なしで日用品などを借りることができます。たとえば雨が降ってきて傘を持ち合わせていなかったときに、近くのスーパーやホテルなどで傘を借りられます。また、スマートフォンのモバイルバッテリーが急きょ必要になった場合などに、芝麻信用が高い人であればデポジット（預り金）が不要になるのです。他にも、芝麻信用が高い利用者に限ってレンタル自転車・レンタカーや賃貸住宅・ホテルのデポジットが不要になり、面倒な手続きが省略できるようになったり、携帯電話通信サービスの安いサービスが契約できたりします。

中国の人工知能開発は、西側諸国に敵対するようなその手法が批判を浴びることもしばしばあります。しかし、最先端の技術を大胆に取り入れていくフットワークの軽さには、日本も見習うべき点があるといえるでしょう。

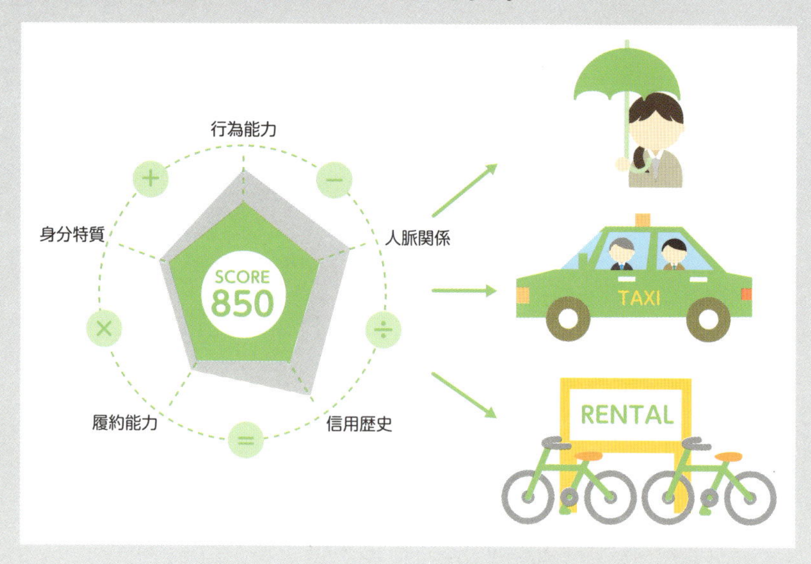

2章

機械学習の基礎知識

この章では、人工知能を発展させるために不可欠な機械学習について学んでいきます。機械学習の中でもどのような手法がありどのような分野で使われているのか、また、何ができて何ができないのか、というように、機能と用途を知ることは、その後に学んでいくアルゴリズムの理解を助けることにもつながります。

05 教師あり学習のしくみ

機械学習の1つである教師あり学習は、実際に行われる処理とネーミングのイメージが近いため、比較的理解しやすいといえます。その名の通り、人間がデータのラベルを通じて教師の役割を果たし、機械にお手本を教えてあげる手法のことです。

教師あり学習とは

教師あり学習(supervised learning)とは、正解となる答えが含まれたデータをモデルに学習させる方法のことです。ここでのモデルは、人工知能の脳にあたる部分と考えてかまいません。また、正解となる答えを**ラベル**といい、答えが含まれたデータを**ラベル付きデータ**（もしくは**訓練データ**）と呼びます。教師あり学習はモデルの学習にラベル付きデータを用いますが、最終的な目標はラベルのないデータ（テストデータ）を正解させることです。Section02で学んだ機械学習の例は、教師あり学習に区分されます。

例として、犬と猫の画像を分類する問題を教師あり学習によって解決することを考えましょう。犬と猫の画像一つ一つに、犬か猫かのラベルをあらかじめ人間が付けておきます。モデルは画像とラベルの対応関係を見て、どちらの画像が犬でどちらの画像が猫であるかを学習していきます。最終的に、犬や猫のラベルがなくても画像を見ただけで判断できるようになれば、うまく学習できたといえます。

■ 特徴量の作り方

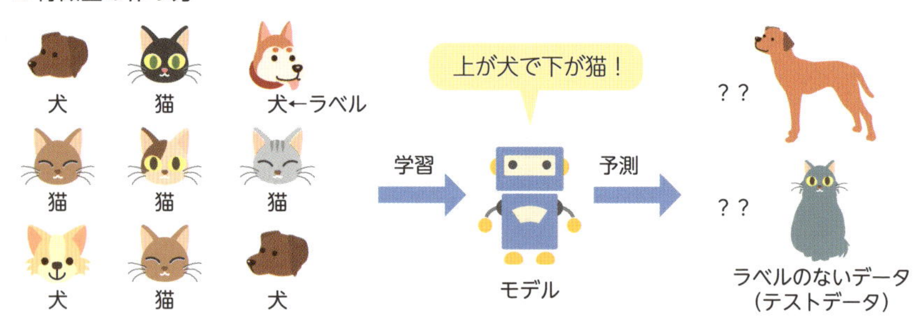

分類と回帰

教師あり学習は分類と回帰の2タイプに分けられますが、分類は「識別」とも呼ばれることがあります。Section02では、分類を「データ全体をできるだけ分けるように線を引くこと」、回帰を「回帰はデータ全体にできるだけ重なるように線を引くこと」と解説しました。ここでは、「予測される値（答え）がどのような値をとるか」という観点で分類と回帰の違いを解説します。

まず分類は、答えが「犬/猫」、「小学生/中学生/高校生/大学生」などのカテゴリになっていることが特徴です。ここでいうカテゴリは、①連続した数値ではない（**離散値**）、②大小や順序に意味がないという条件を満たします。しかし、一見して連続した数値が答えのように見える場合でも、その数値がカテゴリ（離散値）とみなせる場合は分類識別となります。たとえば、手書きの1桁の数字が何を表すかを当てるのは分類の問題です。この場合、答えが0/1/2/3/4/5/6/7/8/9のいずれかになります。0.5や2.1といった答えは意味をなしません。また、画像を認識する時点では認識結果の数字が正しいかのみに興味があり、大小関係を意識することはありません。したがって、答えをカテゴリとみなせます。

一方の回帰は、答えが連続した数値（**連続値**）になります。株価の予測問題を考えてみると、答えが12345.6円のような中途半端な値になっても意味が通ります。そのため、株価の予測問題は回帰に分類されます。

■ 分類と回帰

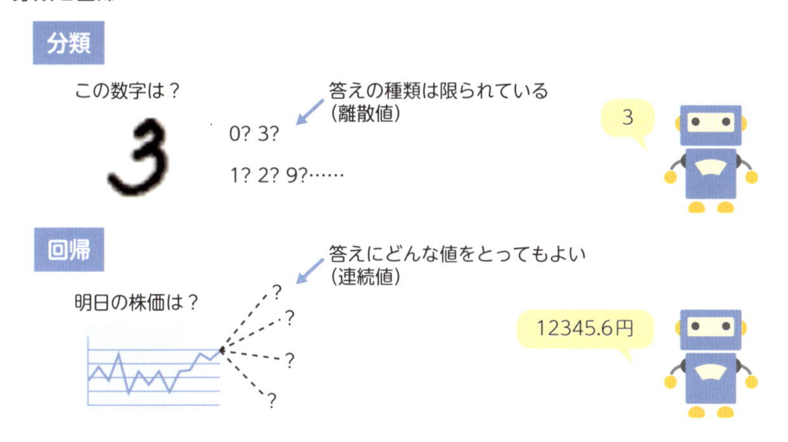

教師あり学習は誤差を小さくする

冒頭で記したように、教師あり学習の最終目標は、ラベルのないテストデータを正解させることです。そのためには、まずラベルのある訓練データをモデルが正解するようにしなくてはなりません。言い換えれば、モデルが出力した予測とラベルとの誤差を少なくしなくてはなりません。実際の学習では、これらの誤差を0に近づけることで正解できるデータの数を増やしていきます。なお、分類では交差エントロピー誤差、回帰では平均二乗誤差と呼ばれる誤差がよく使われます。

■ 教師あり学習は誤差を小さくする

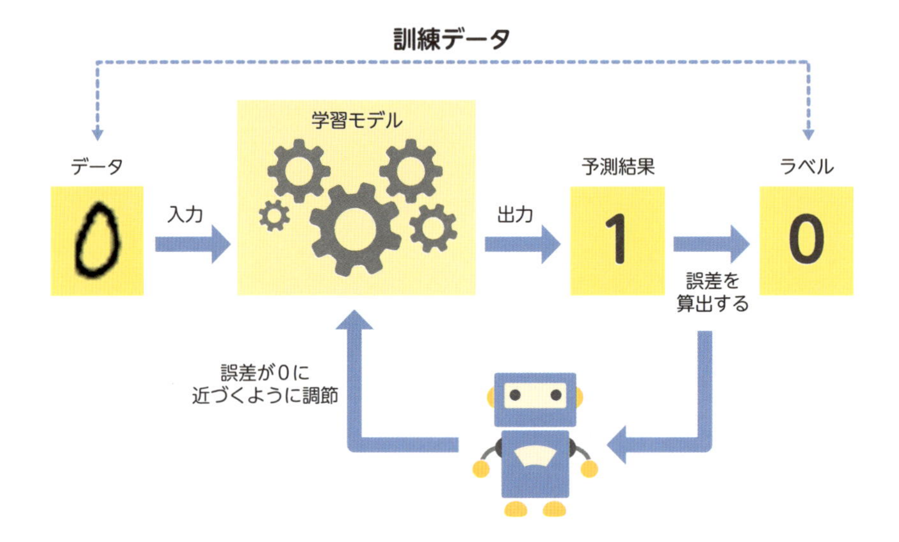

まとめ

- 教師あり学習とは、教師データをモデルに学習させる方法のこと
- 教師あり学習の最終目標は、テストデータを正解すること
- 教師あり学習は分類と回帰に分けられる

エンジニアのスキルアップに欠かせないKaggleとは？

Kaggle（https://www.kaggle.com/）とは、世界中のデータサイエンティストやAIエンジニアが集まる約40万人のコミュニティです。とりわけ注目すべきは、企業や政府の課題に対して参加者が最適なモデルを提出し、最も優れたモデルに賞金が支払われる「コンペ」ことコンペティションです。コンペティションでは教師あり学習が採用されており、参加すればデータセットをダウンロードすることができます。コンペ1つの開催期間は3〜6ヶ月で、リーダーボードにリアルタイムで順位が更新されるため、参加者のモチベーションに直結するしくみとなっています。

そのほかKaggleでは、ブラウザ上でコードを動かすことができる「kernel」という機能でコンペに対するデータ解析の結果を共有できます。また「discussion」という議論の場も用意されています。そのため、コンペにモデルを提出しなくても十分な知見が得られるでしょう。ただし英語のサイトなので、読み進めるのに少し時間がかかるかもしれません。

同様のサイトとしてSIGNATEという日本のサイトもありますが、こちらはKaggleほど活発ではなく、母国語での熱心な議論にはもう少し時間がかかりそうです。

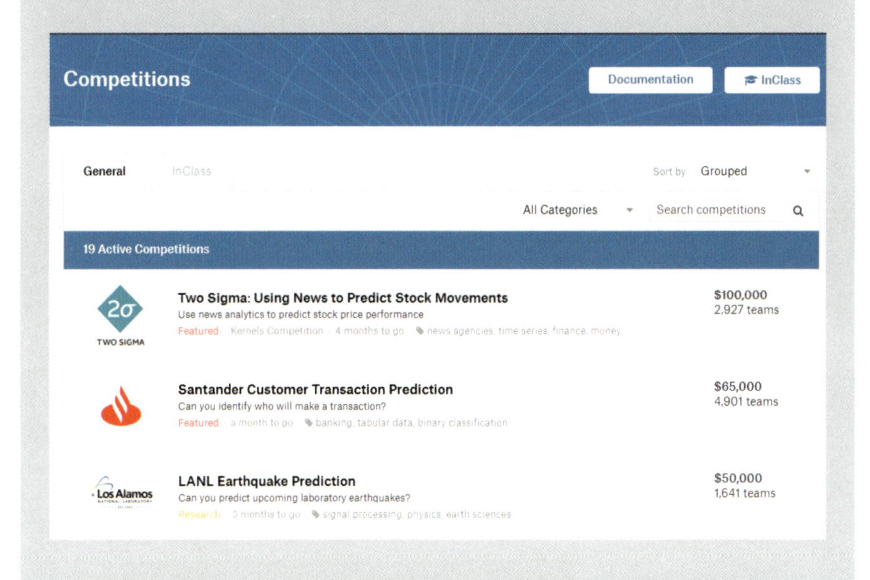

06 教師なし学習のしくみ

教師なし学習は、データの構造や法則をアルゴリズムによって解析し抽出する機械学習の手法です。教師あり学習とは異なり、人間が正解を教えることなく学習が進行する点が特徴です。

教師なし学習は「データの特長をとらえる」

教師なし学習(unsupervised learning)は、与えられたデータの本質的な構造や法則をアルゴリズムが自動的に抽出する機械学習アルゴリズムです。教師あり学習では人間が教師となり、分類タスクであればデータのカテゴリ名、回帰タスクであれば具体的な数値といったような正答データを、学習データとセットにしてアルゴリズムに与えます。このように正答データを与えることからもわかるように、教師あり学習のゴールは「未知のデータに対して正しい回答をする」ことです。対して、ここで解説していく教師なし学習では、正解データを用意せず学習データのみをアルゴリズムに与えます。そんな教師なし学習のゴールは「データの特徴をとらえる」ことにあります。

■ 教師あり学習と教師なし学習の違い

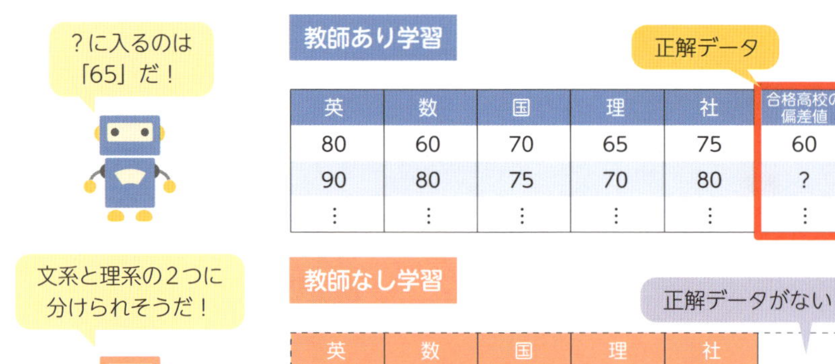

英	数	国	理	社	合格高校の偏差値
80	60	70	65	75	60
90	80	75	70	80	?
⋮	⋮	⋮	⋮	⋮	⋮

英	数	国	理	社
80	60	70	65	75
90	80	75	70	80
⋮	⋮	⋮	⋮	⋮

人間はいくつかのものを見るとき、意識しないまままそれぞれの特徴をもとに「区別」しようとします。たとえばあなたが、図のように並べられた野菜や果物を見たとき、たとえ名前を知らなかったとしてもただ漠然と眺めることはしないはずです。色で分けてみたり形で分けてみたりし、どんなグループを作ればその状況をうまく説明することができるのかを考えるでしょう。そして野菜や果物を色で区別することによって初めて、「ここには6色の野菜や果物があります」といった風にまとめることができます。教師なし学習ではこの人間の「特徴をとらえる」能力をアルゴリズムにより再現することを目指しているのです。

■ 野菜や果物を区別する

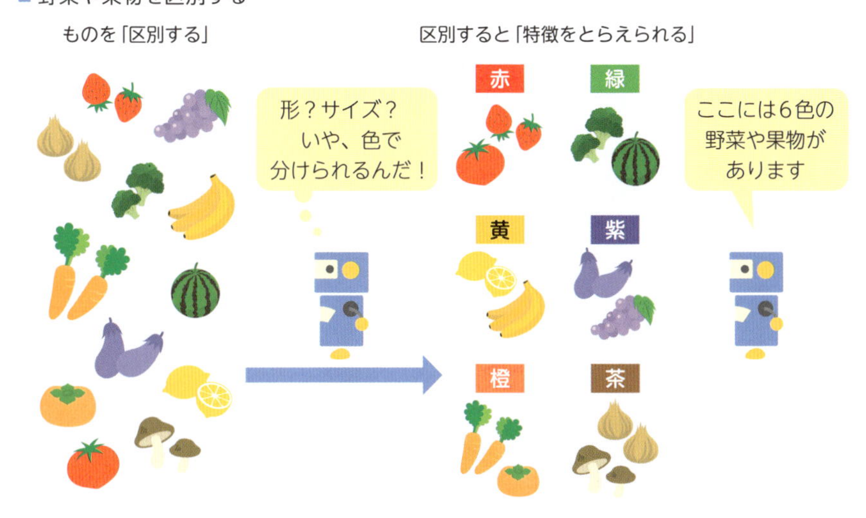

教師なし学習は「クラスタリング」ができる

教師なし学習で実現できるタスクとして代表的なのは「**クラスタリング**」です。クラスタリングはデータの中から特徴の似ているデータをグループ（クラスタ）ごとに分けるタスクです。先ほどの例で見ると、クラスタリングは野菜や果物をどの観点で見るとうまく分けられるのかを考えることにあたります。そんなクラスタリングの手法には大きく分けて「**階層的クラスタリング**」と「**非階層的クラスタリング**」の2種類があります。階層的クラスタリングとは、特徴の似ているクラスタ同士を1つずつ結合させていき、最終的に1つの大きなクラスタになるまでくり返すことでクラスタリングを行う手法です。対して非階層的クラスタリングとは、初めにクラスタ数（下図では3つ）を設定し、そのクラスタ数でもっともよくデータを分けることができるようクラスタリングを行う手法です。なお本書では、Section31にて非階層クラスタリングの代表的なアルゴリズムである「k平均(k-means)法」を紹介しています。

■階層的クラスタリングと非階層的クラスタリング

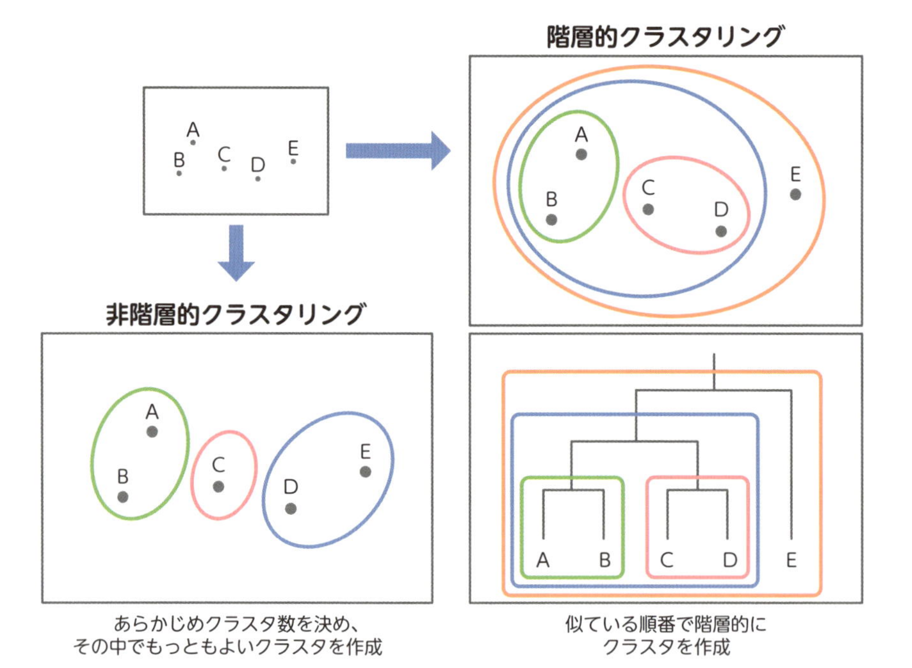

教師なし学習は「次元削減」ができる

教師なし学習において、クラスタリングの次に代表的なタスクといえば「**次元削減**」でしょう。次元削減は、データから重要な情報だけを抜き出し、あまり重要でない情報を削減するタスクです。ここでの次元とは、データの項目の数です。たとえば、ある中学生1人のデータとして英語・数学・国語・理科・社会の成績という5つの項目があるならば、5次元のデータとなります。

次元削減の一例としては、データの可視化が挙げられます。私たちが多次元データを直感的に理解するためには、データの次元を人間が視認することができる3次元以下に落とした上で可視化しなくてはなりません。たとえば、中学生の5教科の成績のデータがたくさん集まったとします。このとき横軸に「数学の点数」、縦軸に「国語の点数」として2次元グラフを書くことで、グラフの形から、このデータが「文系」と「理系」の2クラスタから構成されていると推測することができるでしょう。しかし、縦軸として一番ふさわしいのは「英語と国語の合計点」や「英語:国語:社会を2:2:1の割合で加えた点数」かもしれません。教師なし学習で次元削減を行えば、データの特徴がわかりやすい軸を求めることができ、有効なデータの可視化を行うことができます。次元削減については、Section32にてより丁寧に取り上げています。

■ 次元削減

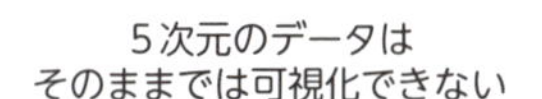

英語	数学	国語	理科	社会
80	60	70	65	75
90	80	75	70	80
⋮	⋮	⋮	⋮	⋮

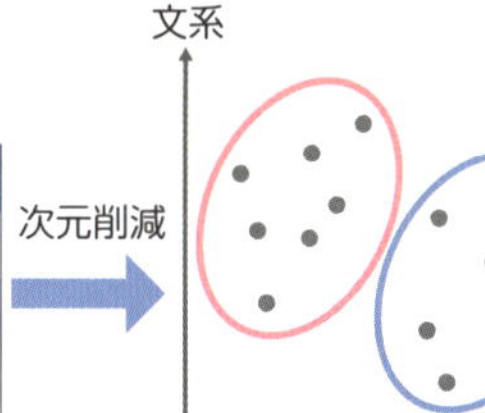

まとめ

- 教師なし学習の最終目標は「データの特徴をとらえる」
- 教師なし学習は「クラスタリング」と「次元削減」ができる

07 強化学習のしくみ

強化学習とは、与えられた環境とのやり取りから、自らの成果を最大化するように何度も試行錯誤をくり返し、最適な挙動をするように学習することです。教師あり学習とも教師なし学習とも異なる問題設定を持っています。

強化学習とは

強化学習とは、赤ちゃんが一人で立ち上がれるようになるのと同じように、正解を与えなくても試行錯誤をくり返しながら最適な行動をするように学習する方法のことです。教師あり学習には明示的な正解がありましたが、強化学習にはありません。かわりに、その行動がどれだけよかったのかを報酬として与え、その報酬が高くなるような行動をするように仕向けるのです。教師なし学習も正解はありませんが、強化学習とは性質が全く異なります。前者はデータそのものの特徴を学習しますが、後者は最適な行動を学習するからです。

■強化学習のメカニズム

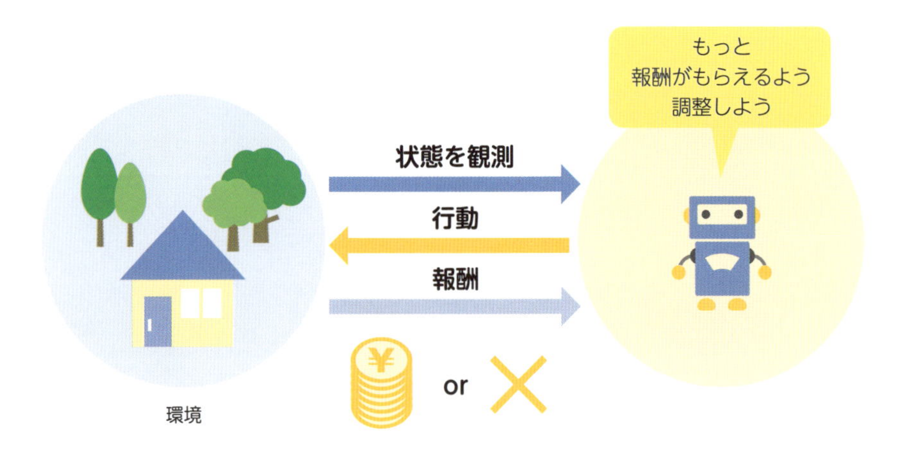

強化学習の定義は前ページで述べたとおりです。強化学習でよく使われる用語をオセロを例に紹介しますので、ぜひ頭にいれておいてください。

■ 強化学習で使われる用語

用語	説明
状態（State）	石の配置・石をおけるマスの場所などが「状態」にあたります。
行動（Action）	石をどこのマスに置くかが「行動」にあたります。
エージェント（Agent）	オセロのプレイヤーのような行動主体を「エージェント」と呼びます。
報酬（Reward）	行動を起こした結果得られる価値を「報酬」といいます。オセロの場合、石を置いたときに、相手の石をひっくり返した枚数がこれにあたります。
方策（Policy）	「どの状態のときにどの行動を取るか」という、状態と行動の組み合わせのことを「方策」といいます。
収益（Return）	「将来まで考えたときに、どれだけの報酬を得られるか」を表します。
Q値（Q-Value）	「ある状態において、その行動がどれだけよいのか」という行動の価値を表します。目先の報酬だけでなく、将来得られる報酬も考慮します。
V値（V-Value）	「その状態がどれだけよいのか」という状態の価値を表します。目先の報酬だけでなく、将来得られる報酬も考慮します。
エピソード（Episode）	オセロの1対局のように、行動し始めてから行動ができなくなるまでの一連のまとまりをエピソードといいます。

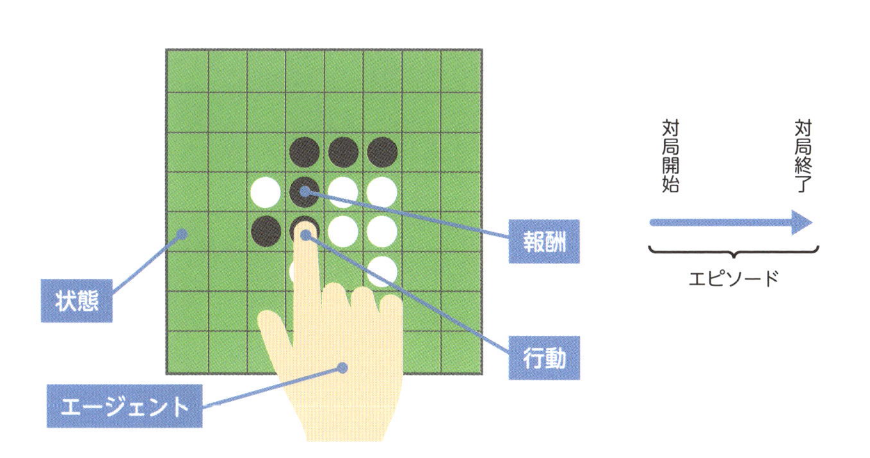

▶ 強化学習はより多くの報酬獲得を目指す

08 統計と機械学習の違い

機械学習と同様にたくさんのデータを扱う分野として、統計があります。両者は理論に共通する部分が多い一方で、応用に対する考え方の違いから、その線引きが難しいといえます。ここでは「ツール」としての見方を通して、違いを整理していきます。

統計と機械学習では、導く情報が違う

世の中には、ある都市の気温や企業の株価、個人の1年間の体重の増減に至るまで、多種多様なデータがあります。これらに対して、統計は「**なぜこのようなデータが出るのか**」を教えてくれます。一方、機械学習は「**これからデータがどう変わっていくのか**」を、それぞれ教えてくれるのです。もっとも、厳密には両者を線引きすることは難しく、このような整理はあくまでイメージの違いをわかりやすくするためであることを留意してください。

その上で、統計の理解をより深めるため、身長分布（身長のばらつき）を例に考えてみましょう。文部科学省のHPでは毎年、就学中の児童および生徒の身長が学校健診で集められ、公開されています。その中の1つである、17歳（高校3年生）の身長データをヒストグラム（柱状グラフ）で表してみると下図のようになります。

■身長をヒストグラムで表した場合にわかること

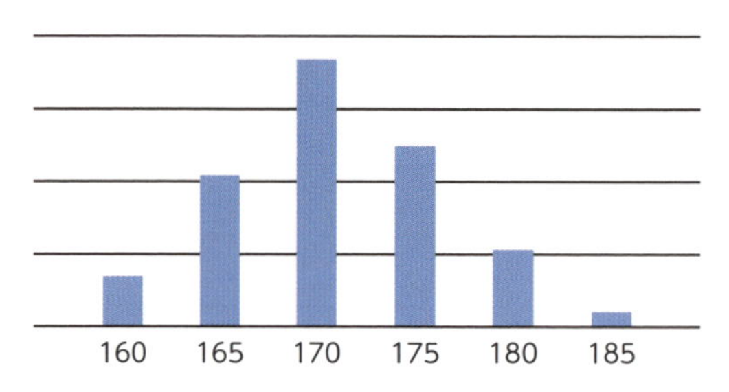

平均170.6cm、標準偏差（データのばらつきの大きさ）5.87cmの正規分布だな

参照：「学校保健統計調査 学校保健統計調査-結果の概要（平成30年度）」(http://www.mext.go.jp/component/b_menu/other/__icsFiles/afieldfile/2019/03/25/1411703_03.pdf)

さて、ここでもし「日本の高校3年生の身長について説明してください」と言われたとして、「160cmの人が14%で……」などとくだくだしく述べたら、どうでしょう。伝えるのに時間がかかる上に、不正確です。こういった場合に、統計のモデルを使って説明すると、簡潔かつ正確に伝えることができるのです。

ここで詳しくは触れませんが、先ほどの身長の分布も含め、自然界の多くの数値の分布（ばらつき）は「正規分布」とよばれる統計モデルに当てはめることができます。正規分布は、平均付近が一番高く、平均から離れるにつれ低くなっていく、左右対称の形状を取ることが特徴です。冒頭の説明に正規分布のモデルを使うと、「平均170.6cm、標準偏差（データのばらつきの大きさ）5.87cmの正規分布です」と述べることができます。このように、統計は今あるモデルを使ってうまく**「データを説明する」ための分野**と言い換えることもできるでしょう。

一方、機械学習は「**データを予測する**」ことにフォーカスした分野です。同じく身長の例を挙げると「2050年の日本の高校3年生の平均身長を推測してください」と言われたとき、平均身長の推移を推測できるモデルを即座に思い付く人はいないでしょう。このような場合に、身長推移のデータを入力として、Section05で扱った回帰を利用すると推測が可能になるのです。

■ 機械学習はデータを予測できる

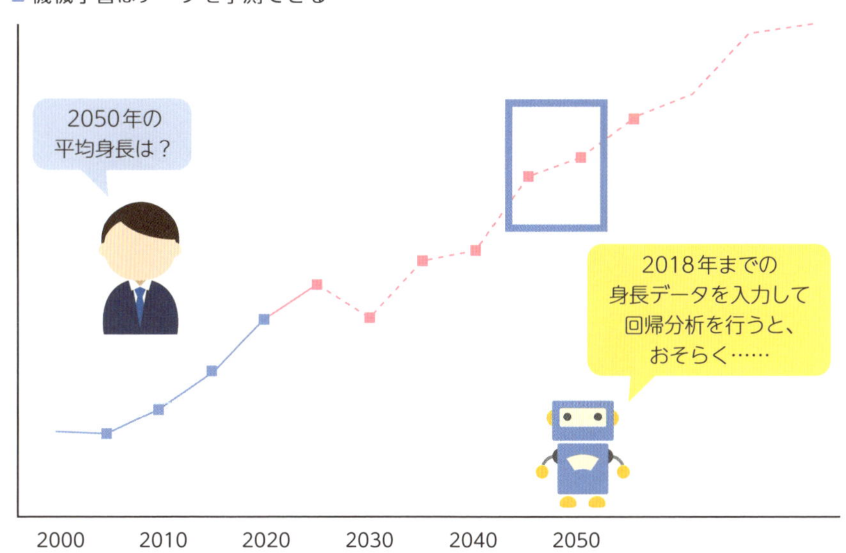

統計と機械学習の使い分け

統計と機械学習の使い分けについて、より詳しく説明していきます。

統計を使うときは、集めたデータに対して、先ほどの正規分布のようなモデルが適切なのかどうか、しっかり検討する必要があります。

そんな統計が生かされる分野としては、たとえば政策決定が挙げられます。政策決定にあたっては、人間の行動によって生じた事象をモデルに当てはめることが大きな根拠となるからです。というより、あらゆる政策決定はこの根拠の上に成り立っているといっても過言ではありません。

「**なぜこのような推測になるのか、理由を知りたい**」場合であれば統計を利用すればよいのです。

■ 推測の根拠が重要であれば統計を使う

例）政策決定

決定の背景に複数の要因が絡み、かつ議論を積み重ねるだけでは「なぜそのような結論が出たのか」といった根拠が可視化しにくい問題には、統計を使うとよい

「年長者の意見だから通った」というような
非合理性も避けることができる

対して機械学習では、集めたデータをまず何かしらのモデルに入れてみて学習させ、その推測性能を検証します。そして検証の結果から、十分な性能が出ているか、あるいは実際に利用する場合にも問題がなさそうかなどを検討します。そこで問題ありと判断すれば、またモデルを変えて検証をし、満足いく結果を残したモデルを採用するのです。

そんな機械学習に向いている分野としては、商店の経営などが挙げられるでしょう。経営においては「今日何が売れるのか」を予測することが非常に重要です。言い換えれば、統計のように「今日この商品が売れるのはどんな理由なのか」を知ることはさほど重要ではありません。つまり、このケースでは「**今日何が売れるのか**」を推測するのによいモデルを検証して性能を追及できる機械学習が用いられます。

■ 理由より観測性能が重要であれば機械学習を使う

例）売上予測
いくつかのデータを元に精度のよい予測をしたい場合には機械学習を使うとよい

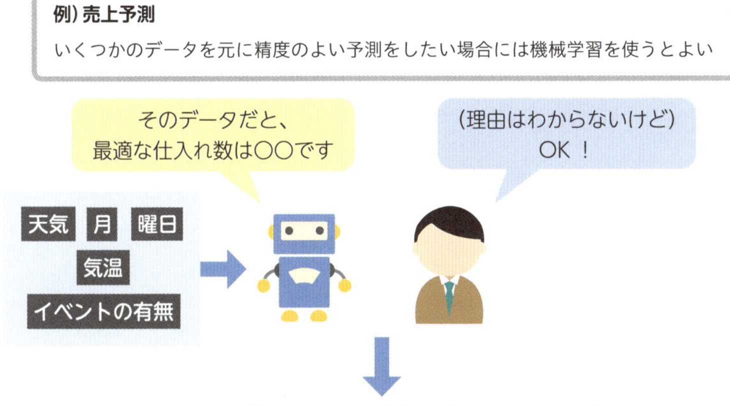

あくまで売り上げのような具体的数値の予測が目的なので、理由は重要視されない

まとめ

- 「データを説明する」のが統計
- 「データを予測する」のが機械学習

09 機械学習と特徴量

ここでは、機械学習がどのような概念なのかをもう少し深く掘り下げていきます。機械が知能を持つとはそもそも何を意味するのか、同時に、その上で極めて重要な概念である特徴量についても、解説します。

機械が知能を持つこと

機械が知能を持つとは、ものごとを「分ける」ことができるようになることといえます。たとえば今日はアイスが売れるのか、売れないのか。ある物体がリンゴなのか、そうではないのか。ある事業で利益が出るのか、出ないのか。

Section04で学んだように、人工知能はパターン探索や知識の蓄積でこの「わける」機能を実現しようとしてきましたが、どちらもパターンが多くなるなどの問題でうまくいかなくなってしまいました。

機械学習とは、この「分ける」能力の実現のために、今までの「演繹的思考」ではなく「統計的思考」という新たなアプローチを取り入れることで、知能を実現しようとする人工知能です。ここでの演繹的思考とは「AはBである」といった根拠から思考をおこなうことであり、対して統計的思考とは「AはBである確率が高い」といった根拠から思考をおこなうことを指します。

■演繹的思考と統計的思考

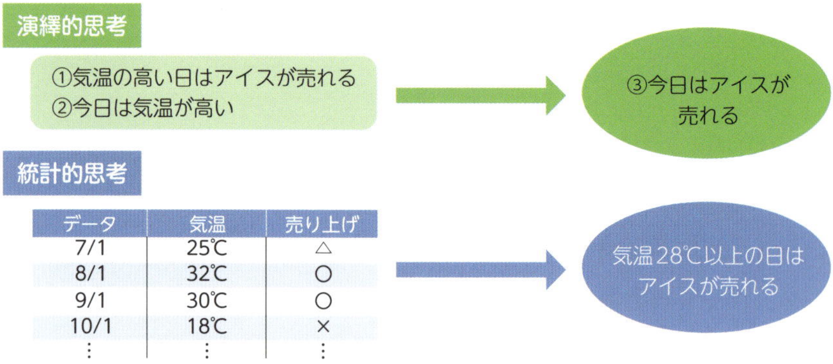

演繹的思考

①気温の高い日はアイスが売れる
②今日は気温が高い

→ ③今日はアイスが売れる

統計的思考

データ	気温	売り上げ
7/1	25℃	△
8/1	32℃	○
9/1	30℃	○
10/1	18℃	×
⋮	⋮	⋮

→ 気温28℃以上の日はアイスが売れる

統計は、統計処理に耐えうるデータが存在しなければ成り立ちません。昔から統計的なアプローチに関する研究はありましたが、こんにち機械学習が一世を風靡するようになったのは、コンピュータやインターネットの普及により、大量のデータとそれを処理する計算資源が手軽に用意できるようになったからです。

この統計的思考というアプローチによって高度な知能を獲得した機械学習ですが、まだ弱点はあります。それは、機械学習がデータを取り込む方法によるものです。

ものを見分けるとき、人間は見た目や匂い、感触などから情報を入手して見分けます。対して機械学習は、情報を果物の色の濃淡や重さ、匂い成分の量などの「**特徴量**」という数値で取り込みます。この特徴量を決めるのは人間の仕事であり、このことを**特徴量設計**といいますが、実はこの特徴量の決め方でアルゴリズムの性能は大きく変わってしまうのです。たとえばリンゴとナシを見分ける特徴量として、「赤さ」や「甘さ」などはよさそうですが、「丸さ」や「表面のなめらかさ」はあまり差がなさそうだと分かります。

■ よい特徴量とは

	赤さ	甘さ	丸さ	なめらかさ
リンゴ1	0.9	0.6	0.91	0.1
リンゴ2	0.95	0.55	0.92	0.2
リンゴ3	0.92	0.59	0.89	0.1
ナシ1	0.21	0.8	0.88	0.2
ナシ2	0.17	0.9	0.9	0.1
ナシ3	0.2	0.95	0.95	0.2

特徴量にまつわるボトルネック

先ほどの例はまだ人間が特徴量を考えやすい問題でしたが、現実には人間が特徴量をイメージすることが難しい問題が数多くあります。学習そのものは、適当な特徴量を入力しても行うことができますが、アルゴリズムの性能を向上させるためには「**どんな特徴量を入れるか**」が重要であり、かつその設計は人間自身が考えなければならない、という点がボトルネックとなっています。

ディープラーニングが決定的に新しいとされた点は、ここにあります。特徴量設計に際して、データから何を特徴量とするべきか、**アルゴリズムが自動で抽出**できる可能性があったからです。これはパターン探索や知識の蓄積、特徴量設計といったこれまでのデータ入力の常識を大きく揺るがしました。

ディープラーニングがデータを処理するしくみについては、Section34で詳しく解説します。現段階では、推測性能の向上には特徴量にまつわるボトルネックがまだ残っており、ディープラーニングがその解決の糸口になりうる、ということまでを覚えておいてください。

■「何を特徴量にするか」を人間が決めることは難しい

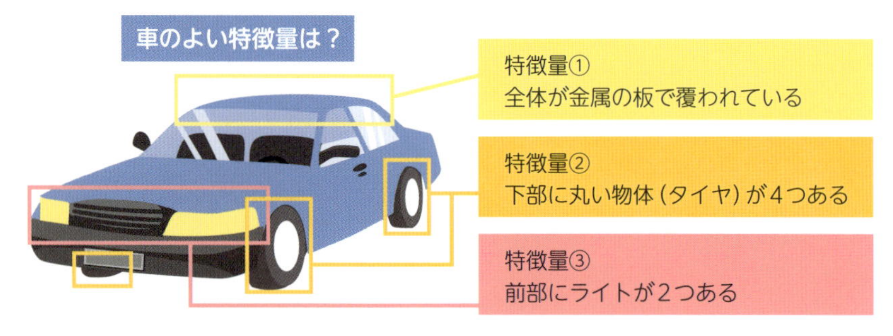

ここまで、人類が人工知能を実現するために試行錯誤してきた歴史と、特徴量をめぐる困難について学んできました。あらためて、下図で整理します。

■ 機械学習の歴史

パターン探索

1952年〜

・データ量の少ない、限られた情報のみ入力
・推論をすべてプログラムできる、ごく単純な問題しか解けなかった

↓

エキスパートシステム

1974年〜

・YES/NO形式で、専門家がパターンを網羅
・パターンの多様化につれ限界が露呈

↓

機械学習

予測

1990年〜

・データから特徴量を抽出して大量に読み込む
・特徴量設計が難しい

↓

ディープラーニング

現在

・データから特徴量を自動で抽出
・入力の常識を変える可能性

- **人間が特徴量を設定するのは難しい**
- **その困難を解決できるかもしれないのがディープラーニング**

10 得意な分野、苦手な分野

機械学習にも、得意な分野と苦手な分野があります。事業に人工知能を導入すべきかどうか、あるいは「人工知能に代替される職業」のようなフレーズについて考えるときなど、知っておくと役に立つ場面も多いでしょう。

人工知能が得意な分野、苦手な分野

人工知能が得意なことと苦手なことを知るには、4つの注目すべきポイントがあります。①過去にデータが存在するか、②データが十分にあるか、③データが定量的か、④推論の過程がわからなくてもよいか、です。まずは下図の一覧を確認し、それぞれの意味を順に理解していきましょう。

■注目すべきポイント

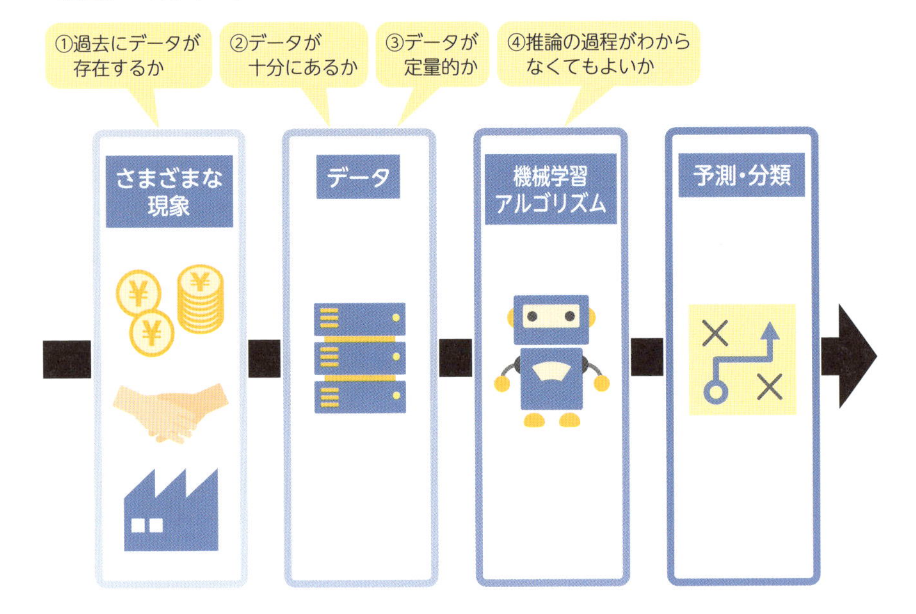

①過去にデータが存在するか

すでに確認してきたように、機械学習は過去のデータを学習することで未知のデータに対する分類や予測を行うアルゴリズムです。そのため、過去に起きたことのない事象やデータの蓄積がないものに対しては、分類も予測もできません。

具体例を挙げると、ある企業において、すでにデータが存在する「**現在の状況の効率化や改善**」において、機械学習は十分に能力を発揮することができます。しかし「**新しい事業を展開した場合の売上予測**」といった問題に対しては、学習データとなる「新しい事業を展開したときの売上記録」がないため、利用が難しいといえます。

■ データがある場合のみ、予測は得意

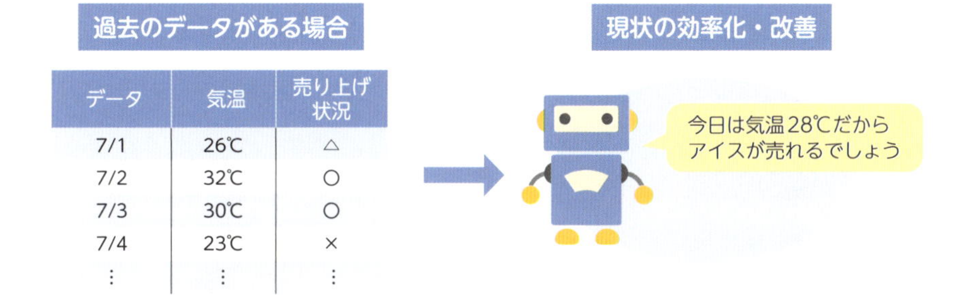

データ	気温	売り上げ状況
7/1	26℃	△
7/2	32℃	○
7/3	30℃	○
7/4	23℃	×
⋮	⋮	⋮

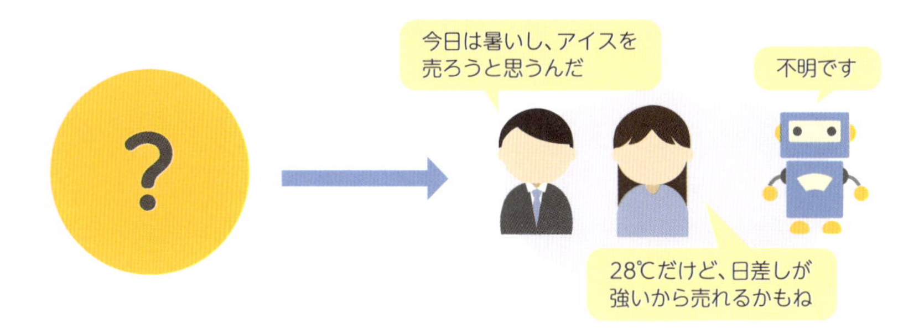

②データが十分にあるか

機械学習において、単にデータが「ある」というだけでは不十分なケースもあります。つまりこの場合は「**十分にあるか**」という点が重要です。

データ数が十分といえるかどうかは、適用する問題の難易度やデータセットの質により大きく異なります。とりわけ、画像データ分類など入力するデータが大きいケースでは、それぞれのクラス（分類する対象）のデータが数千から数万単位で必要であると言われています。

近年では、インターネット上の情報であれば比較的かんたんに大量のデータを確保できます。またゲームなど、何度もくり返し試行することが可能な問題もデータ数の確保がしやすいため、機械学習の得意分野と言ってよいでしょう。

一方で、データの入手がオフラインとなってしまう分野や、そもそもあまりひんぱんに起こらない現象を扱う分野では、データ数の少なさが学習のボトルネックとなる場合があります。

■ 十分なデータがかんたんに手に入るかどうか

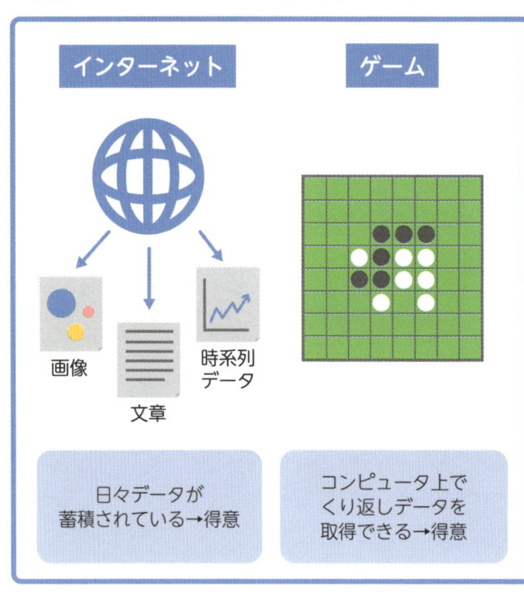

③データが定量的であるか

一般的に、機械学習の入出力データは数値で表されている必要があります。そのため、数値で表せない定性的なデータ（性質にまつわるデータ）に対して機械学習を適用する場合、これらを**定量的なデータに変換**しなければなりません。たとえば「あるサービスの顧客満足度を向上させる」という課題に機械学習を適用しようとした場合、出力を「顧客満足度の向上」という定性的な表現から「顧客満足度アンケートの数値が○○以上」といった定量的な表現に変える必要があるのです。そのため、「顧客データから今後の事業の方向性を決めたい」などといった定性的かつ定量的なデータに変換することが難しい課題の解決は、あまり得意とはいえないでしょう。

■ レビューの定量化

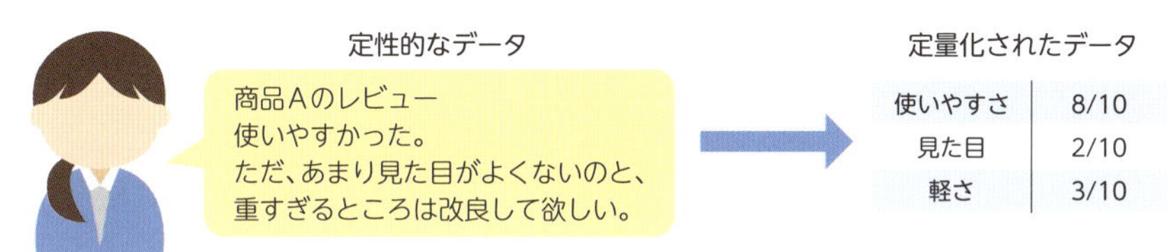

④推論の過程がわからなくてもよいか

こちらは、Section9とも重なるポイントです。機械学習は、学習データを入力したときの出力が正答に近い値になるよう、モデルを自動で最適化（学習）するアルゴリズムです（教師あり学習）。つまり、必ずしも人間の思考のように推論が進むとは限らず、その過程を見ても根拠がわからないことが多いのです。そのため機械学習で病気を診断したとして、「あなたは○○という病気である可能性が高いです。しかし根拠はわかりません」という結論が出るかもしれません。これでは当然、患者を納得させることもできないでしょう。このように、根拠が重要となる推論が必要な分野において、機械学習のみで結論を出すことは難しいのです。ただし近年は、この問題に対処するために機械学習の推論根拠を可視化する研究が行われており、今後は有効に活用できる可能性があります。

まとめ ▶ **データ量や推論の用途に注目して判断する**

11 機械学習の活用事例

ここまで、さまざまな観点から機械学習の知識を学んできました。この章の最後に、そんな機械学習が現在どのように活用されているのか、その事例を見ていきましょう。

運転×機械学習

機械学習の活用事例として、まずは**自動運転**が挙げられます。人間が1日に自動車の運転をしている時間は平均1時間にも及ぶと言われており、それだけに自動運転がもたらす恩恵は大きいのです。

そんな自動運転は、3つの要素で構成されています。周辺情報のデータをカメラやセンサーで取得する「認知」、データを元に次の動作を決定する「判断」、決定された動作を行うためのパワートレインやステアリングの制御を行う「操作」です。機械学習は、これら3つの要素それぞれで活躍が期待されています。自動運転分野において技術的にリードしているドイツのアウディやメルセデスベンツ、アメリカのテスラなどは2020年代初頭で自動運転レベル4（限定エリア内での完全自動運転）達成を目標に掲げています。

■ 自動運転に実装される機械学習

交通管制×機械学習

交通管制の分野においても、機械学習の果たす役割が大きいとされています。道路上の交通量センサーから集まるデータを元に、各車両の目的地までの移動時間やアイドリング時間などを最適化する交通流を予測し、信号の切り替えタイミングを随時最適化することで渋滞を緩和させるシステムです。米ピッツバーグ市街で行われた実験では、同システムにより移動時間が最大25%、アイドリング時間は40%以上減少しました。

■ 交通管制で活用される機械学習

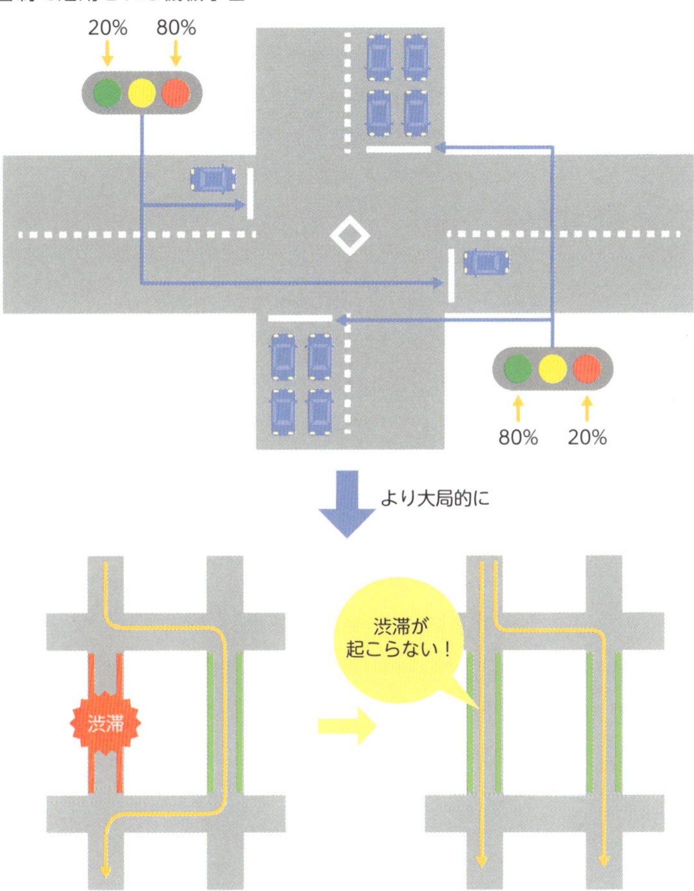

金融×機械学習

金融は基本的に形のある商品を扱わないため、比較的早い段階でIT化が行われた分野です。当然、機械学習との親和性も高く、すでにさまざまな場面で取り入れられています。

その中の1つが、リアルタイムトレードです。現在、金融商品のリアルタイムトレードの90%以上がシステムによると言われています。ここで行われるのは、過去の価格チャートの推移や、トレーダーが利用するテクニカル指標などを入力とした学習です。この学習により、今後の価格推移を予測し、最適なタイミングで売買するのです。加えて近年では、銘柄に関係のあるニュースやSNSの動向などのビッグデータを入力とした、さらなる予測精度の向上手法も模索されています。

■ 金融分野におけるビッグデータ

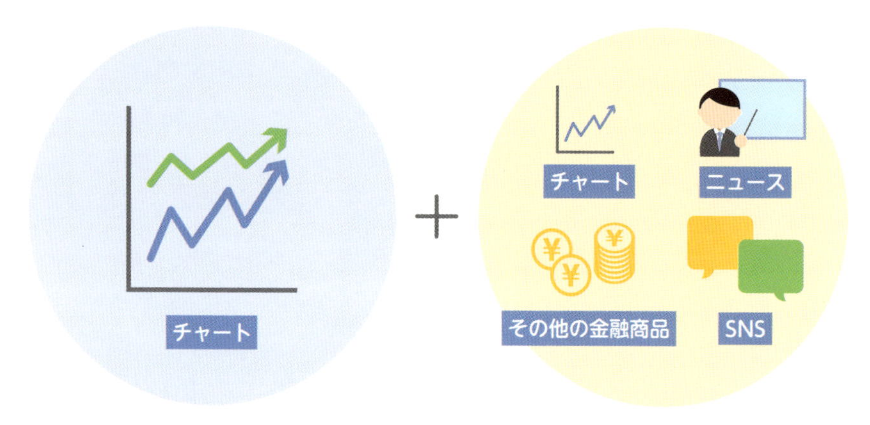

	形式	データ
構造化データ	数値テーブル	経済指標 企業業績・財務状況 マーケット情報
非構造化データ	テキスト 音声 画像	経済レポート 企業業績・財務状況レポート ニュース SNS

資産運用×機械学習

資産運用にも機械学習が利用されています。代表的なものとして、限られた資産からさまざまな金融商品をどのような比率で購入し保有するか（ポートフォリオ）の選択が挙げられます。

Kensho社の「Warren」は世界中で発生したイベントやさまざまな銘柄の価格データベースから、どのイベントがどの銘柄の価格に対してどう作用するか、といった相関関係を瞬時に計算します。そのため「原油価格が○○%下落した場合の銘柄○○に対する影響は？」といったチャットでの問い合わせに対して即答することができるのです。

■ 資産ポートフォリオの選択

資産ポートフォリオ

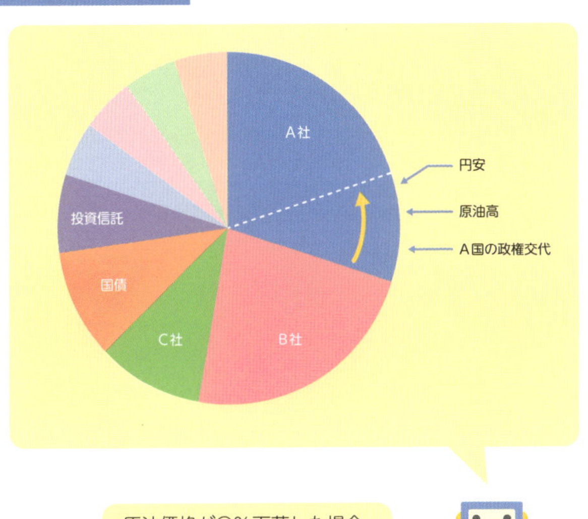

原油価格が○%下落した場合
銘柄Aは○%下落します

マーケティング×機械学習

マーケティングの手法の1つにレコメンドがあります。レコメンドとは、顧客に商品やサービスをおすすめする機能のことです。機械学習によるレコメンドでは、顧客の性別や年齢層などの属性と、これまでの購買記録を入力としてアルゴリズムを学習させ、商品同士の類似度や顧客のクラスタ分類を推測します。AmazonやYouTubeなどさまざまなWebサービスで広く普及した、現在もっとも人々にとって身近な機械学習アルゴリズムの1つといえるでしょう。

■ レコメンド機能における機械学習

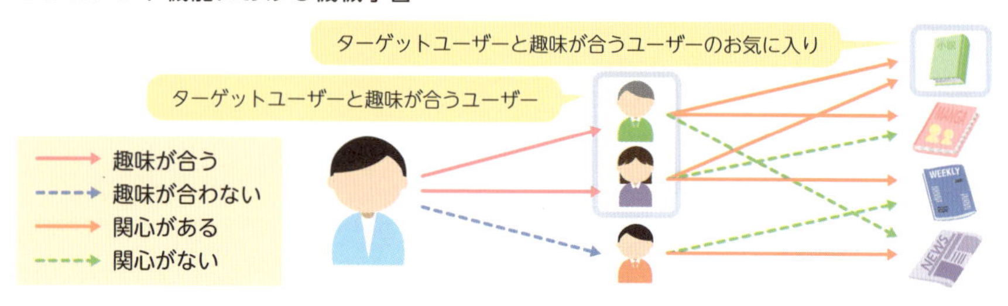

そのほか、機械学習が利用されているマーケティング分野として、Web広告枠の自動買い付けが挙げられます。現在、Web広告枠の購入には、DSP（Demand-Side Platform）と呼ばれる競売形式が広く採用されており、ここで機械学習が力を発揮しているのです。

競売に出される広告枠には、顧客の性別や年齢層などの属性が付加されており、広告主はそれらの情報をもとに入札します。入札にあたっては、過去の広告から流入した顧客情報などを参照します。アドフレックス・コミュニケーションズは、機械学習を利用した「Scibids」というサービスを利用して、このような顧客層の決定を最適化し、従来はWebマーケティング担当者が行っていた作業を代替しているのです。

今後あらゆる分野でIT化やIoT化が推し進められていくことにより、機械学習はこれまで以上に活用されていくでしょう。

3章

機械学習のプロセスとコア技術

前章まで、機械学習やディープラーニングに関する基礎的な知識を学んできましたが、ここからは実際の開発現場にフォーカスしていきます。そのためには、全体のワークフローから目的とゴールの設定、具体的な手法や注意すべき点など、さまざまな角度から理解していく必要があるのです。

12 機械学習の基本ワークフロー

まずは、基本となるシステム開発のワークフローを見ていきましょう。スケジュールの把握や課題の見極めなど必要なことは多くありますが、トピックごとに1つずつ解説していきます。

基本ワークフローと注意点

機械学習システムの開発は、通常のシステム開発に比べ、アルゴリズムの選定や機械学習の性能向上のために試行錯誤が多く、プロセス間をまたいだ手戻り（前段階に戻ってやり直すこと）が発生しやすいといえます。そのため各プロセスに費やす時間を適切に管理することが重要になります。

ただしここで重要なことは、「解決したい問題がそもそも機械学習に向いているのかどうか」を事前に見極めておくことです。機械学習により得られる予測は必ずしも正しいわけではありません。問題によってはSection04で取り上げたエキスパートシステムを利用したほうが効率がよい場合などもあるため、まずは「他のアプローチはないか」の検討を必ず行いましょう。

■ 基本ワークフロー

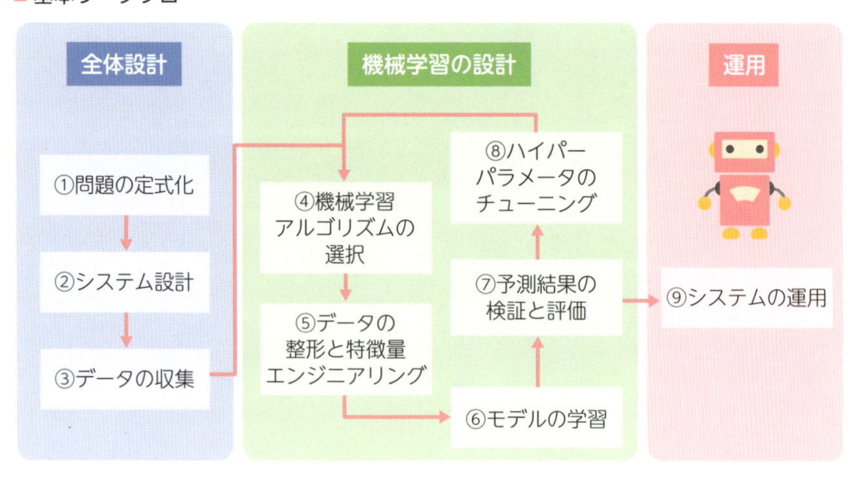

全体設計

①問題の定式化

機械学習のシステム開発をするということは、「ネット通販で収益を増やしたい」「顧客満足度を向上したい」など何かしらの目的があるはずです。機械学習を利用して目的を達成するためには、「機械学習でどんな情報を得たいのか」を具体的に掘り下げて考えなくてはいけません。機械学習では特に、求めているものが何かによって、入出力するデータからアルゴリズムの選定に至るまでのすべてが変わるため、最初の定式化が重要であるといえます。

■ 問題の定式化

ネット通販の収益を増やすには……

→ 商品をおすすめしたい

→ **「顧客がある商品を買う可能性」を予測** ここまで具体化

②システム設計

システム設計においては、機械学習の詳細を除いた全体としてのフローを考えます。特にデータをどこから取得して、最終的にどういった形で利用するのかを先にしっかりと決めておくことで、のちのプロセスで機械学習部分での試行錯誤が行いやすくなります。

③データの収集

機械学習システムにおいて、学習や予測に利用するデータの収集は不可欠な機能です。自分が今持っているデータ以外にも、官公庁や企業が公開しているデータや、インターネットから収集したデータを活用することができます。インターネットからデータを収集する方法についてはSection13で解説します。

機械学習の設計とシステムの運用

④機械学習アルゴリズムの選択

適用する問題に合わせて、教師あり学習（回帰・分類）や教師なし学習、強化学習などの各種アルゴリズムから適切なものを選びます。アルゴリズムにはそれぞれ特徴があるため、よさそうなものをいくつかピックアップして試してみます。なお代表的なアルゴリズムは第4章で紹介しています。

⑤データの整形と特徴量エンジニアリング

機械学習の性能向上には、どのようなアルゴリズムを利用するかも重要ですが、どのようなデータを入力するかも同じくらい重要です。アルゴリズムが受け取ることのできるデータの形式は決まっているため、別の形式で取得される場合には変換する必要があります。また機械学習では、データの一つ一つの項目のことを特徴量と呼びますが、取得可能な特徴量をそのまますべて利用しようとするとかえって予測性能が低下する場合があります。そのため、余分な特徴量の削除や別の形式への変換、複数の特徴量を組み合わせた新たな特徴量の生成などを行い、より機械学習アルゴリズムが性能を発揮しやすくなるように調整（特徴量エンジニアリング）を行います。代表的な調整方法についてはSection14で解説します。

■ 特徴量エンジニアリング

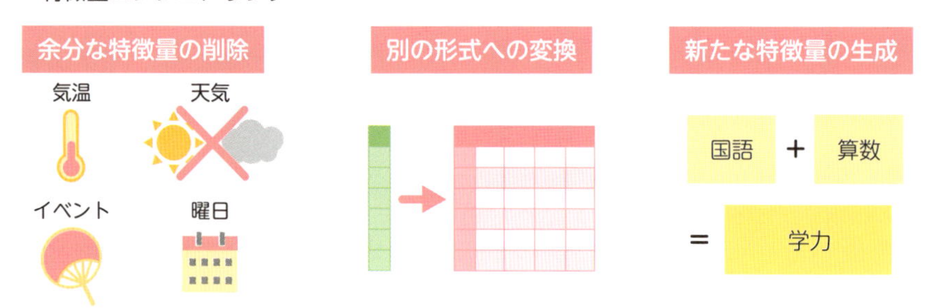

⑥モデルの学習

収集した学習データを利用して、機械学習モデルを学習させます。なおシステムの構築時に限らず、運用開始後も新たに収集されたデータでモデルの学習を継続することがあります。基本的な学習の方法はSection15、16で解説します。

⑦予測結果の検証と評価

予測結果が出たら検証および評価を行います。実際に利用した場合にどのくらいの性能が期待できるか知ることは、システムの運用においても大変重要です。また、必要であればさらなる性能向上のため⑤の特徴量エンジニアリングまで立ち戻って試行錯誤します。ただし、アルゴリズムは改良していくにつれ、試行錯誤の労力に対する性能向上の割合が小さくなってきます。そのため、「実用上95%の精度があれば困らない」といった打ち切りラインを定めておく必要があります。検証と評価の方法はSection17、18で解説します。

⑧ハイパーパラメータのチューニング

「⑦予測結果の検証と評価」を受けて、性能向上のためアルゴリズムに指定する値の一種であるハイパーパラメータを調整します。ハイパーパラメータについてはSection19で解説します。

⑨システムの運用

機械学習モデルに十分な性能が出たらシステムに組み込み、運用を開始します。ただし機械学習システムでは、運用開始後も継続的な性能の検証が不可欠です。収集されるデータの性質が変われば再度モデルの学習が必要になることもあります。また運用開始後もモデルの学習を継続している場合には、Section22のフィードバックループなどでモデルの性能が低下することもあります。

まとめ

- **機械学習のシステム開発には試行錯誤が不可欠**

13 データの収集

機械学習をするためには、アルゴリズムの学習や予測を行うためのデータを取得する必要があります。このセクションではさまざまなデータの取得方法について解説していきます。

自分でデータを記録する

データを取得する方法として一番に考えられるのは、**自分でデータを記録する**ことです。特に企業などが社内の問題を解決するために機械学習を利用する場合には、必要なデータを記録するようなしくみを作ることで、より目的に沿った機械学習モデルを作成できます。しかし、自分で記録するからこそ注意しなければならない点もあります。特に以下の点に注意しましょう。

・十分なデータ量が確保できるか

外部からデータを取得する場合と異なり自分でデータを記録する場合には、「データの蓄積にかかる期間」も考慮に入れる必要があります。例として、ある顧客がサービスを解約する可能性を機械学習で予測することを考えてみましょう。年間数件しか解約が発生しない場合には、5年間収集したとしてもせいぜい数十件程度しか集まりません。

・途中で条件が変わったデータではないか

データ量が十分であったとしても、実は途中で取得環境が変化してしまっていた、というケースがあります。たとえば、顧客アンケートは実施時期により対象の顧客層やアンケート項目等が変化していることがあります。またセンサのデータは、センサの位置や数などが不変であったことを確認する必要があります。

官公庁や企業が公開しているデータを利用する

官公庁や企業は、保有しているデータベースをインターネットなどで公開している場合があります。こういったデータベースは多くの場合、行政や企業活動、学術研究などで利用することができるよう、データ項目が充実しています。またインターネット等で取得できる一般的なデータは、年月日や対象によってデータのまとめの形式が異なっている場合が多いものの、データベースとして公開されているものはまとめの形式が統一されているものが多く、扱いやすいデータであると言えるでしょう。データベースが取得できる場所としては、たとえば日本政府が行っている統計調査の結果をまとめた「e-Stat」や米国の国勢調査の結果をまとめた「Census」などがあります。

■ 官公庁や企業が公開しているデータ

e-Start 政府統計の総合窓口（https://www.e-stat.go.jp/）

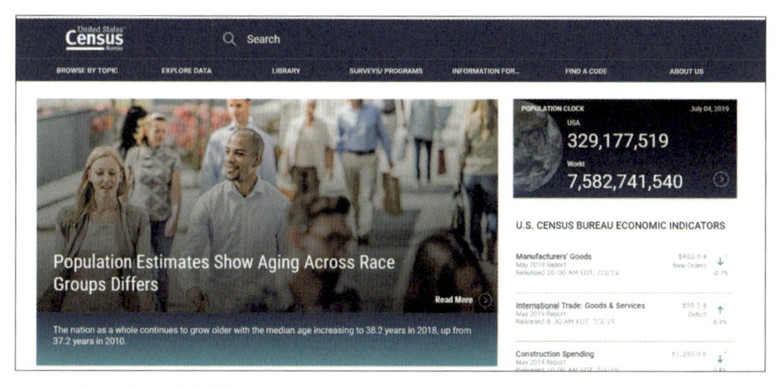

アメリカ合衆国国勢調査局ホームページ（https://www.census.gov/en.html）

Web APIやスクレイピングを活用する

インターネットは、画像・動画・音声をはじめとした多種多様なデータが公開されており、もっとも巨大なデータベースと言えます。とはいえ、人間がブラウザやアプリを操作することでインターネットからデータを手に入れようとすると、膨大な時間がかかってしまいます。その点プログラムが自動で行ってくれるのであれば、これほど強力なデータベースはありません。しかしインターネットのデータは、Webページのデザインがすべて異なることなどからわかるように、形式が整っておらず、かんたんにはデータを自動取得できません。したがってインターネット上のデータを利用する場合には、Webページやwebサービスから目的のデータを抽出して機械学習で利用できるような形式にまとめるプログラムが必要となります。ここではその方法として代表的な**Web API**と**スクレイピング（クローリング）**について解説します。

■ Web APIとスクレイピングのデータフロー

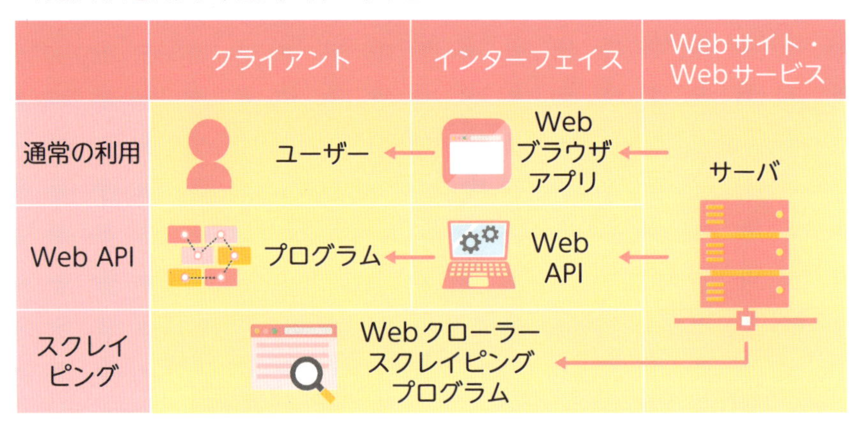

Web APIは、一般的にはWebサービスの提供者が用意したアプリケーションです。Web APIを利用することで、そのWebサービスで扱われているデータを取得できます。取得できるデータはWebサービスによってさまざまです。たとえばFacebookやTwitterなどのSNSのWeb APIでは、SNS内の投稿やユーザー情報、トレンドなどの情報を、また大手インターネット通販サービスのAmazonのWeb APIでは商品情報や売れ筋などの情報を取得できます。

一方でスクレイピングは、一般的にWeb APIを介さずに直接Webサイトや Webサービスからデータを取得することです。スクレイピングは主に、Web APIが存在しないWebサービスからデータを取得したい場合や、Web APIで取得できないデータを必要としている場合に利用されます。スクレイピングには、公開されているWebクローラーか自身で作成したプログラムを利用します。

Webサイトや Webサービスのデータは、Webサーバに存在しています。私たちがそれらを利用するときは、ブラウザやアプリをインターフェイス(窓口)としてデータを取得しています。人間の代わりにコンピュータがWebサーバにアクセスする場合には、Web APIやWebクローラー、スクレイピングプログラムがインターフェイスとなりデータを取得します。

Web APIは提供者によって利用方法がまとめられている場合が多く、またWebサービスの仕様変更の影響を受けにくい点が特徴です。ただし、そもそもWeb APIが用意されていない場合には利用できません。それに対してスクレイピングは、基本的にどのようなWebサイトやサービスであってもデータを取得することができますが、その仕様変更に合わせてWebクローラーやスクレイピングプログラムを対応させる必要があります。また、スクレイピングが禁止されているWebサーバに実施したり、サーバに大きな負荷を与えたりした場合などには法的責任を問われる可能性があります。

■ Web APIとスクレイピングのメリット・デメリット

	メリット	デメリット
Web API	・利用方法がまとめられており利用しやすい ・仕様変更の影響を受けづらい	・Web APIがないと利用できない ・データの取得に制約が存在することがある
スクレイピング	・Web APIが用意されていないWebサービスのデータが取得できる ・Web APIに設定されていないデータを取得できる	・仕様変更の影響を受ける ・法的責任を問われる可能性がある ・一定の知識とスキルが必要

まとめ

- **データの収集方法は、「自分で収集」「公開されているデータベースの利用」「Web APIやスクレイピングの活用」**

14 データの整形

機械学習アルゴリズムにデータを渡す際には、データをアルゴリズムに適した形に整形することが必要です。ここでは、代表的なデータ形式であるカテゴリ・数値データの整形について説明します。

カテゴリデータの整形

カテゴリデータは、性別や住んでいる地域など、そのデータのカテゴリを表しているものです。カテゴリデータは処理しやすいように数値に変換されますが、メモリ使用量や学習速度を考慮して様々な変換手法が提案されています。

なお、カテゴリデータを変換した後の数値の大小を比較することはできません。番号を割り振っただけで、その数の大きさに意味はないからです。

・ラベルエンコーディング

ラベルエンコーディングはもっとも単純な手法で、各カテゴリにひとつの数字を割り当てます。

・カウントエンコーディング

カウントエンコーディングは、そのカテゴリデータが出現した回数を割り当てます。

・One-Hotエンコーディング

One-Hotエンコーディングは列の名前をカテゴリ名にし、一致した列には1、それ以外の列には0を当てはめます。この場合、カテゴリの個数分だけ列の数が増えることになります。One-Hotエンコーディングはそれぞれのカテゴリを明確に分けることができます。しかし、列数が増えるためにメモリ使用量が増え、計算速度が遅くなってしまいます。

■ カテゴリデータの整形

ID	都市
1	東京
2	大阪
3	名古屋
4	大阪

ラベルエンコーディング →

ID	都市
1	1
2	2
3	3
4	2

ID	都市
1	東京
2	大阪
3	名古屋
4	大阪

カウントエンコーディング →

ID	都市
1	1
2	2
3	1
4	2

ID	都市
1	東京
2	大阪
3	名古屋
4	大阪

One-Hotエンコーディング →

ID	東京	大阪	名古屋
1	1	0	0
2	0	1	0
3	0	0	1
4	0	1	0

次のページでは、数値データの整形方法を紹介します。データの値が数値であれば、通常整形をせずにアルゴリズムに渡すことができます。しかし、使用する機械学習アルゴリズムに適した変換を行うと、アルゴリズムがより高い性能を発揮することがあります。

数値データの整形

・**離散化**

離散化は連続した値をある区分に分けることです。遊園地の来場者数を予測するとき、データの値に来場者の年齢があるとして、この年齢を年代別に分けるのが離散化です。来場者の年齢をそのまま使うと、1歳差のデータであっても別の値とみなされるため、データの特徴を表す量としてふさわしくない場合があります。年代別に大きく区分すれば、年齢のわずかな違いを吸収できます。

・**対数変換**

対数変換は値のlog（対数）を取る（logに変換する）ことです。正の値を持つ数値データにおいて、長い裾を短く圧縮し、小さい値を拡大することができます。機械学習では正規分布（きれいな山型）に近いデータが効果を発揮しやすいため、対数変換は有効な手段の一つです。

・**スケーリング**

スケーリングは値の範囲を変換することです。データによっては値の取りうる範囲が決まっていない場合があります。たとえば、遊園地の来場者数は取りうる上限が決まっていません。しかし、線形回帰やロジスティック回帰などのアルゴリズムは値の大きさに影響されやすいため、値の範囲を変換する必要があります。代表的なスケーリングの方法にMin-Maxスケーリングと標準化があります。Min-Maxスケーリングは最小値を0、最大値を1にし、データの範囲を0〜1にすることです。標準化は値の平均を0、分散を1にすることです。なお、上で紹介した対数変換の後に標準化を行う場合もあります。

まとめ

- **データや使用するアルゴリズムを考慮して、整形方法を選ぶ**

■ 数値データの整形

離散化

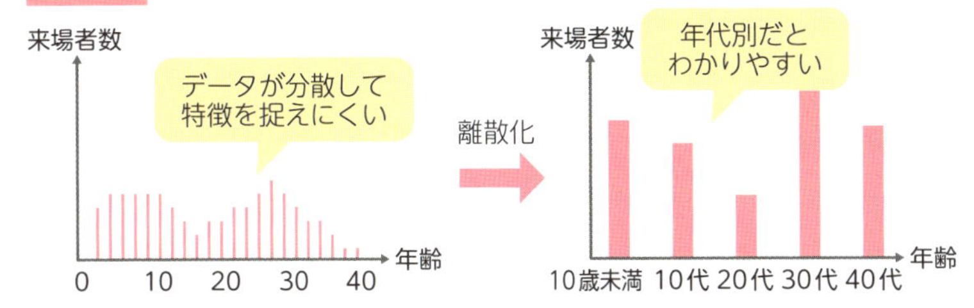

対数変換

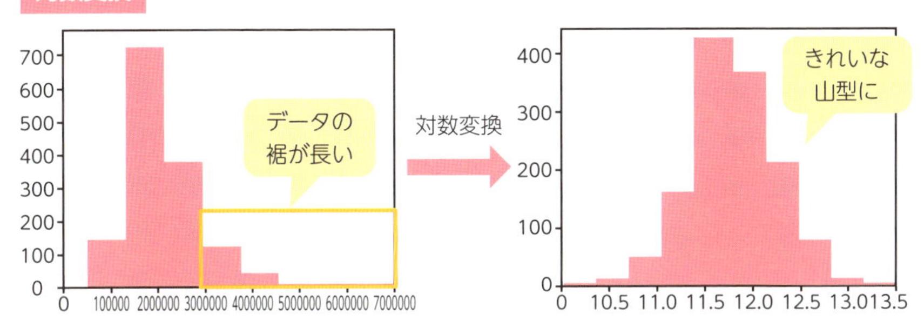

スケーリング

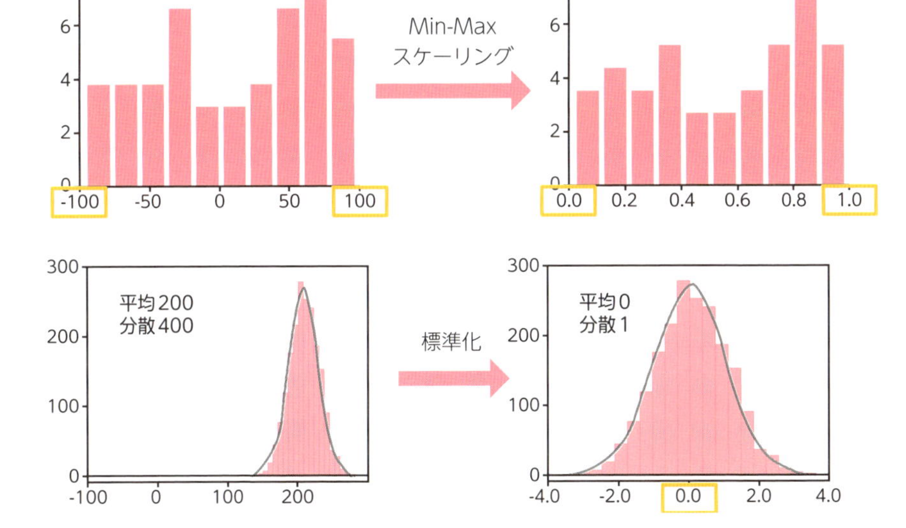

15 モデルの作成と学習

機械学習では、適用する問題に合わせてアルゴリズムを選択し、モデルを作成します。このセクションでは、モデルの作成と学習の方法について、理解を深めていきましょう。

モデルとは

機械学習における**モデル**とは、入力されたデータからある出力(入力データに対する分類や予測)を導き出すための数理モデルのことです。このことは、「**何かを入れると何かが出てくる箱**」をイメージすると、わかりやすくなります。箱はそれぞれ大きさや入口の形が異なっており、それによってどんなものを入れられるかが決まります。同様に、箱から出てくるものの形も決まっていると考えてください。そのようなモデルを作成するためには、入出力するデータがどのようなものであるかを最初に決定しなければなりません。

ちなみにこの「箱」は、数学における「**関数**」にあたります。機械学習において、アルゴリズムの中で行われていることは関数の計算なのです。

■ モデルは「関数」

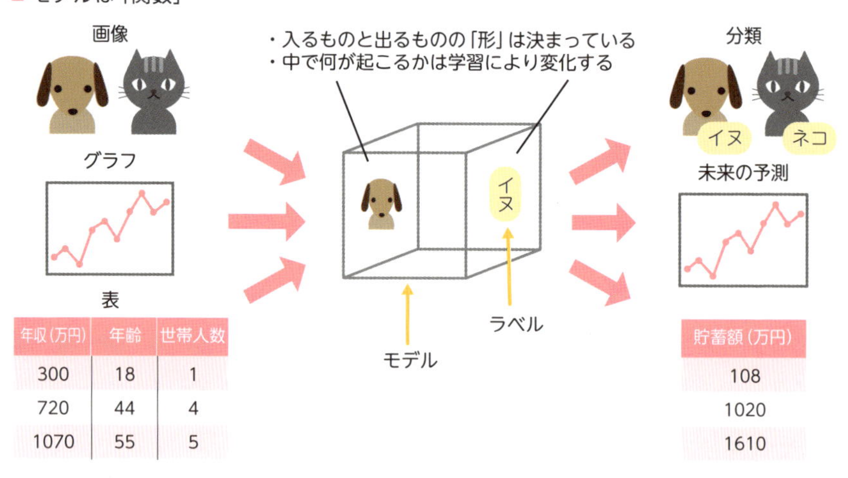

年収(万円)	年齢	世帯人数
300	18	1
720	44	4
1070	55	5

貯蓄額(万円)
108
1020
1610

モデルを作成した時点では、その内部での処理（関数の計算）はでたらめな場合がほとんどです。そのため何が起きるか見当は付きません。イヌの画像を入力してもネコと分類されてしまう可能性もありますし、未来のグラフを予測させても全く見当はずれな予測をするかもしれません。このような状態のモデルに対し、よりよい出力ができるよう修正することを「学習」と呼びます。

■ ランダムな処理を修正する

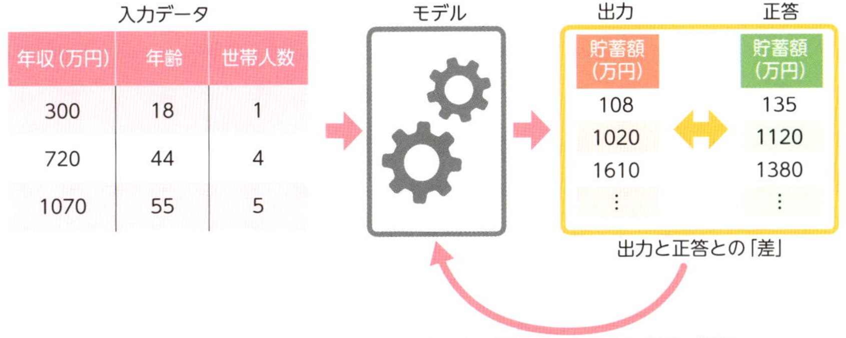

このように正答データとの差を小さくするように学習させる手法は教師あり学習です。なお教師なし学習は、手法により学習の過程が大きく異なるため、第4章で取り扱います。例として、ある人の年収から貯蓄額を予測する機械学習アルゴリズムを考えましょう。この場合、学習データとは「年収○○万円」といった調査対象のデータのことで、正答データはその人が「実際に貯蓄している金額」のことです。

以上を踏まえて、年収を入力データとした機械学習モデルを考えます。入力データとなる年収を横軸、正答データとなる貯蓄額を縦軸にしたとき、このデータは2次元グラフに点として描けます（P.72下図）。すでに何となく「年収と貯蓄額は比例するだろう」と予想できますが、グラフを確認しても、やはりそのような傾向を持った直線を確認することができます。

このように、比例するデータに対しては一般的に直線モデルが有効です。直線は傾きと切片の2つのパラメータで処理が決定されるので、学習データをフィット（適合）するようなパラメータを探すことでよいモデルを作成することができます。

訓練誤差

それでは実際に、入力データにフィットするような直線モデルのパラメータについて考えていきましょう。このようなパラメータを探すには、どのような処理が適切なのでしょうか。

まず、モデルに適当なパラメータを入れて出力を計算します。すると、必ず出力データと正答データの間に大きな差が見られます。この差のことを、**訓練誤差**といいます。学習においては、この訓練誤差が小さくなるようにどんどんパラメータを更新していくのです。たとえば傾きに関しては、下図のようにパラメータを更新するごとにデータに沿うように直線の傾きが変化していくことになります。

モデルとデータとの差が十分に小さくなったら、学習を終了します。こうして決めたモデルは、たとえば「年収が650万円」という今まで学習してこなかった未知の入力データに対しても、「貯蓄額は700万円」と予測できるのです。

今回は直線モデルを例として説明しましたが、機械学習で利用されるモデルにはもっと複雑なものも数多くあります。また入力データも年収だけではなく、年齢や世帯人数など他のデータも見て予測のモデルを作成するケースもあります。とはいえ多くの場合、教師あり学習における学習とは、このように「モデルの出力と正答データとの差が小さくなるようにパラメータを更新していくこと」と理解しておけばよいでしょう。

■ 直線モデルにおける学習

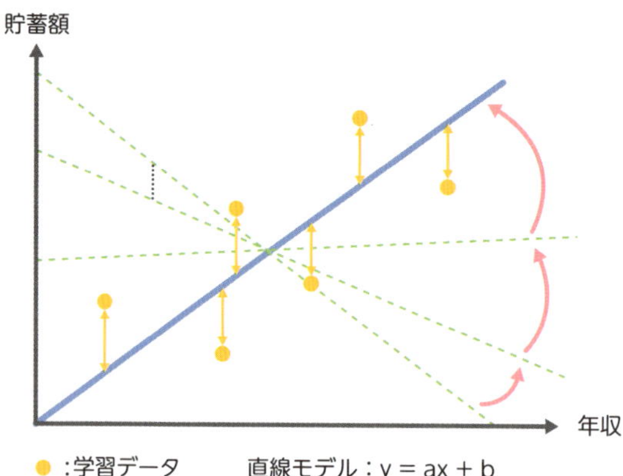

くり返し、学習する（イテレーション）

すべての学習データを何度もくり返し学習させることで、モデルのパラメータが調整されていき、徐々に正しい予測・分類結果を出力できるようになります。このくり返しのことを**イテレーション**といいます。イテレーションの方法として、主に「**バッチ学習**」「**ミニバッチ学習**」「**オンライン学習**」が存在します。

バッチ学習では、1回の学習ですべての学習データを読み込みます。それに対してミニバッチ学習では、1回の学習で「バッチサイズ」として設定した数のデータを、オンライン学習では1回の学習で1つのデータのみを読み込んで、学習を実施します。

バッチ学習ではすべての学習データを1度に処理する必要があるため、必要となるコンピュータのメモリの大きさが増加しますが、すべてのデータを均等に扱えます。対してミニバッチ学習やオンライン学習では、すべての学習データの中からランダムに、一部または1つのデータを読み込んで学習し、これをくり返します。結果的にすべてのデータを読み込むことになりますが、学習結果はより最後のほうに読み込んだデータに引っ張られるため、学習の順序によって性能が変わるケースがあります。また、バッチ学習に比べて学習を行う回数が多くなるため、計算量が大きくなる可能性が高いと言えます。バッチ学習とオンライン学習については、次のSectionでさらに詳しく解説します。

■ くり返し学習（イテレーション）とその種類

バッチ学習

モデル

すべてのデータを
一度に学習

ミニバッチ学習

ミニバッチごとに
かたまりにわけて学習

オンライン学習

データを一つ一つ学習

まとめ

- モデルの学習では、学習をくり返し訓練誤差を小さくする

16 バッチ学習とオンライン学習

バッチ学習は全データを一括で処理する手法であるため、モデルの更新に時間がかかります。一方のオンライン学習は、データを少しずつ処理しつつモデルを高速で更新していくため、モデルの更新をひんぱんに行う必要のある状況で役立ちます。

バッチ学習

バッチ学習では、すべてのデータを使ってモデルの学習を行う必要があります。そのため計算時間は非常に長くなり、モデルの学習とモデルによる予測は切り離して行われます。このように、予測を切り離して学習する方法を**オフライン学習**と呼びます。

またバッチ学習では、新しいデータをモデルに適用したい場合、新旧データすべてを入力として学習をやり直す必要があります。そのようなやり直しを経て新旧データ両方を学習させた新モデルができたら、それまで稼働させていた予測モデルを停止させて置き換えます。データの学習には時間がかかってしまうため、リアルタイムでモデルを更新することは不可能です。そのため、たとえば状況が刻々と変化する株式市場で、この手法を用いた機械学習トレードシステムは不利になる可能性があります。また、全データをひんぱんに学習し直すと計算資源を多く消費するため、コストがかさむのも難点です。

■ バッチ学習

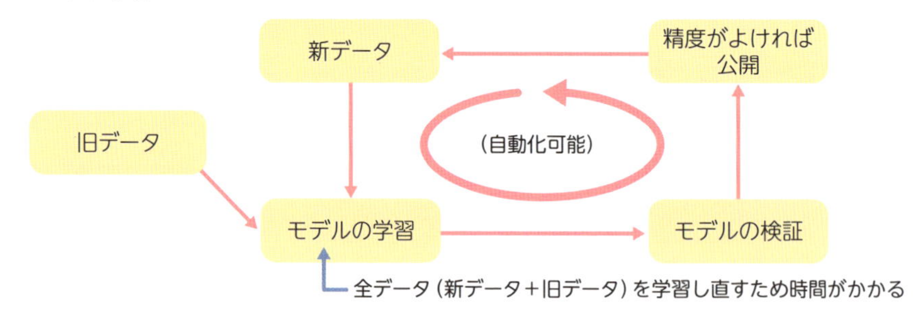

オンライン学習

オンライン学習は、モデルに少数のデータ（**ミニバッチ**と呼ばれる小さな単位か、1つのデータ）を投入し続けて次々に学習させる方法です。これは学習サイクルが速く、新しいデータが手に入るとすぐにそのデータが学習されたモデルが手に入ります。そのため、先ほどのようなトレードシステムにも適しているといえます。また、計算資源が限られている場合にも有効です。モデルにそのデータが学習されてさえいれば、過去のデータを保存する必要がないためです。

オンライン学習の欠点は、異常なデータが入力されるとモデルの予測能力が低くなることです。これは、新しく与えられたデータは例外なく正しい分類としてパラメータを更新するためです。これを防ぐには、異常検出アルゴリズムを使うなどして異常なデータの入力を監視する必要があります。

また、オンライン学習では、新しいデータにモデルを適応させる割合を意味する**学習率**が重要になってきます。学習率が高いと新しいデータに適応しやすくなりますが、古いデータの情報が失われやすくなります。学習率が低いと古いデータの情報は保たれやすくなる一方、新しいデータへ適応しにくくなります。

なお、データが大きすぎてバッチ学習を行えない場合に、データを小さな単位に分割した上で、オンライン学習のアルゴリズムを使って学習を行うことがあります。この学習方法を**アウトオブコア学習**といいます。

■ オンライン学習

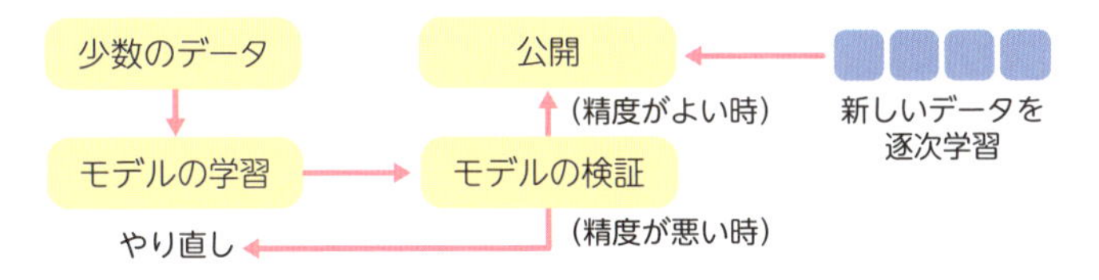

まとめ

- バッチ学習は一括学習、オンライン学習は逐次学習

17 テストデータによる予測結果の検証

機械学習アルゴリズムにおいて未知のデータに対する予測・分類性能の検証はとても重要ですが、検証の方法を間違えるとその結果はまったく意味のないものになってしまいます。ここではテストデータによる正しい検証方法を学びましょう。

汎化性能とは

機械学習において重要なことは、データを学習することで未知のデータの予測や分類を行えるようになることです。この未知のデータに対する予測や分類の精度のことを**汎化性能**と呼びます。学習では、学習データに対する性能を基準にパラメータを更新し進めていきますが、学習が終わった段階ではまだ未知のデータに対する性能が保証されていません。そこで汎化性能を検証する必要が出てくるのです。

汎化性能を検証するうえで大事なことは、「学習に利用したデータを検証に使わない」ということです。そのためには、学習データとは別に検証するためのデータを分けて残しておく必要があります。この検証用のデータを、**テスト（検証・評価）データ**と呼びます。

学習データとテストデータをわけることで、学習したモデルが未知のデータに対してどのくらいの性能があるのかを検証することができ、そこで初めてそのモデルの汎化性能を評価できます。作成したモデルで期待される性能がわからないことは、モデルの信頼性を保証できないということであり、アルゴリズムを実際に活用する上で大きな支障となるのです。

なお、学習データをそのままテストデータとして使用すると、検証でのモデルの精度は高くなりますが、これは汎化性能の高さを示したことにはなりません。勉強した問題がそっくりそのままテストに出てしまっては本当の学力がわからないのと同じです。

■ 学習データをテストデータとして使用すると……

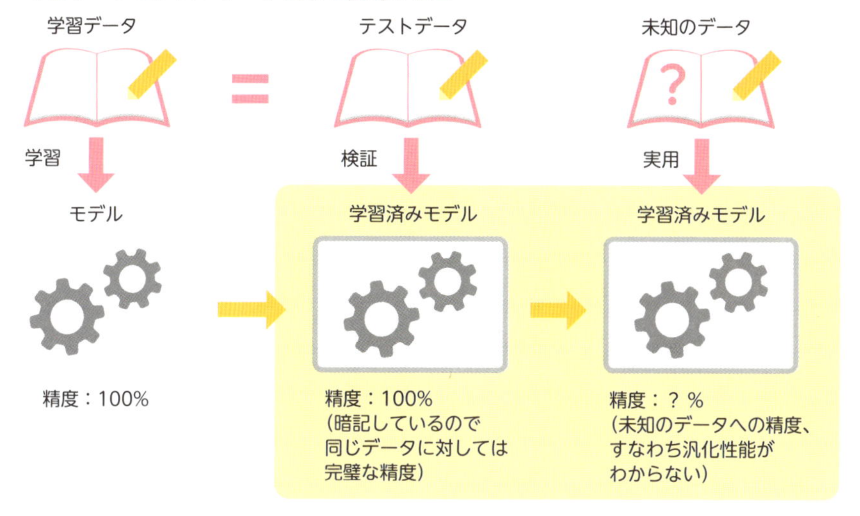

■ テストデータは学習データとして使わない

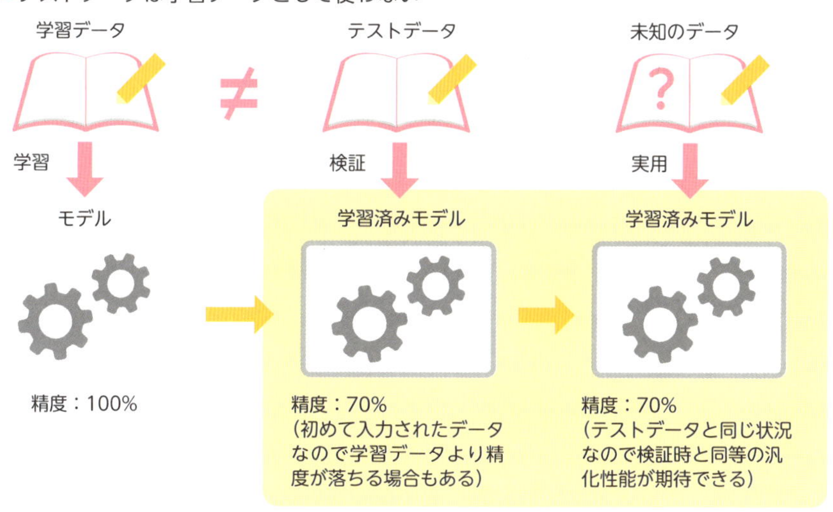

それでは、実際に学習データとテストデータをどうわければよいのでしょうか。いくつか方法はありますが、代表的な手法として、次ページからホールドアウト検証とK-分割交差検証（K-foldクロスバリデーション）を紹介します。

ホールドアウト検証とK-分割交差検証（K-foldクロスバリデーション）

ホールドアウト検証とは、データを学習用データとテスト用データにある割合で分割して検証する、もっとも単純な検証方法です。学習に使用するデータ数はモデルの性能に直結するためなるべく多いほうがよいですが、検証に使用するデータ数が少なすぎると未知のデータのいろいろなパターンを模倣することができなくなります。データ数が膨大な場合は、後述の交差検証をするとコンピュータの処理速度などにより学習・検証に時間がかかってしまうため、一度の学習・検証で済むホールドアウト検証が用いられます。一般に学習・テストデータの割合としては2：1や4：1、9：1などが多く使われます。

■ ホールドアウト検証

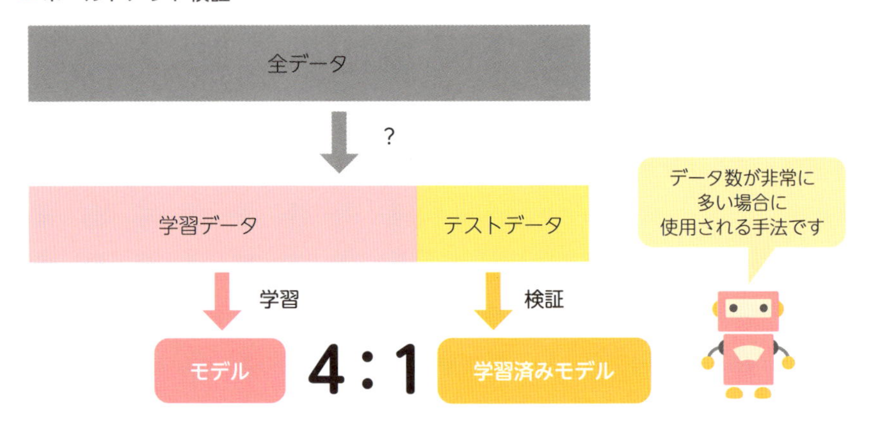

このホールドアウト検証では、全データの一部だけをテストデータに使用しますが、テストデータの選び方に偏りがある場合などに、正確に検証できないことがあります。

そこで用いられるのが、**K-分割交差検証（K-fold クロスバリデーション）**です。この手法では、すべてのデータが検証データとして利用されるよう、学習データとテストデータを入れ替えて分けるなどし、複数の組み合わせを用意します。その上で、それぞれのデータを使用して学習と検証を別々に行い、それらの検証結果から、総合的にモデルの性能を検証するのです。

K-分割交差検証は、ホールドアウト検証に比べ、パターン数によって3倍〜10倍程度の計算資源が必要となりますが、現在もっとも広く使われている検証方法です。

■ K-分割交差検証

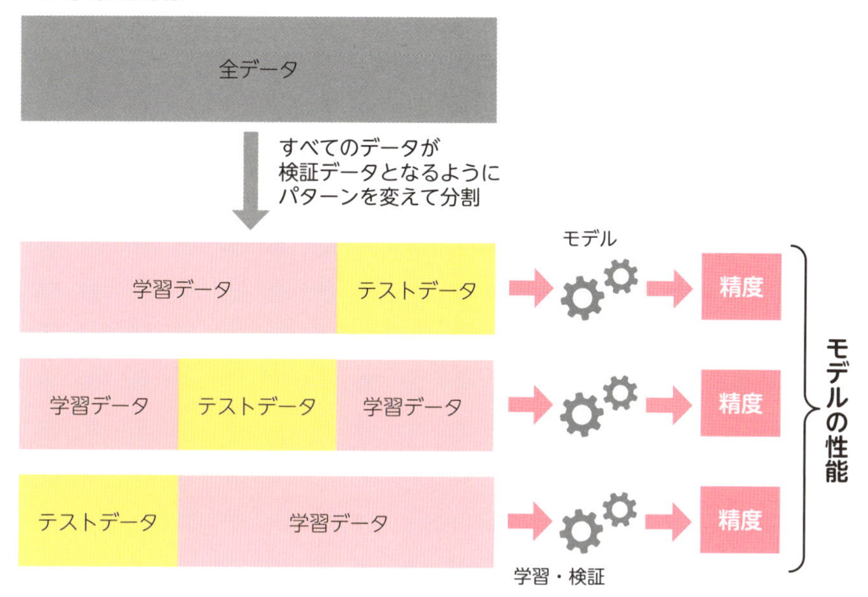

そのほかの手法としては、**Leave-one-out交差**があります。全データから1データずつ抜き出してテストデータとし、残りすべてを学習データとする手法です。これにより得られるデータ数に応じたパターンすべてを学習・検証します。その結果から総合的にモデルの精度を検証するのです。すでに紹介した2つの手法と比較して多くの学習データを取れるため、モデルの精度向上が見込めます。しかし、データ数に比例して計算量が増大するため、近年ではデータ数が多くない場合にのみ利用される傾向にあります。

▶ 予測結果の検証には、K-分割交差検証が良く使われる

18 学習結果に対する評価基準

機械学習モデルの検証により、モデルの出力結果と正答の集計データを得ることができます。しかし、集計データはそのモデルの性能を端的に表現しているとは言えません。ここでは、集計データからモデルの性能を正しく表現する方法を学びましょう。

機械学習の性能評価

前のセクションでは、テストデータによって機械学習モデルの性能を検証する方法を学びました。検証においてモデルにテストデータを入力すると、それぞれのデータに対し、回帰であれば何らかの数値が、分類であればデータのラベルが予測されます。それらの結果は、回帰であればそれぞれの入力において予測と正答がどれぐらい離れているのかが値として現れます。一方の分類であれば、それぞれの入力がそれぞれ何のラベルに分類されたのか、表として集計できます。しかしこのような集計だけでは、「このモデルはどんな性能なのか」、あるいは「このモデルによる事業への利益は見込めるのか」といった重要な疑問に答えられません。

そこで必要なのが、**テストデータを利用した検証結果から性能を「評価」すること**です。このセクションでは、回帰と分類においてモデルを評価する指標を紹介します。

■ 検証だけでは不十分

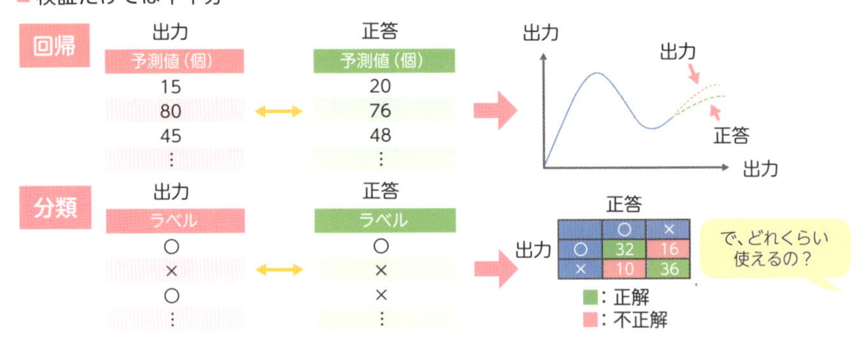

回帰モデルの性能を評価する

回帰モデルの性能は基本的に、出力と正答の数値の差分である「予測誤差」によって評価できるため、回帰モデルの評価指標における違いは、この**予測誤差をどのように集計するか**の違いといえます。さっそく次のページから、代表的なR^2（決定係数）、RMSE（平方平均二乗誤差）、MAE（平均絶対誤差）を紹介します。

■ 回帰モデルにおける評価指標

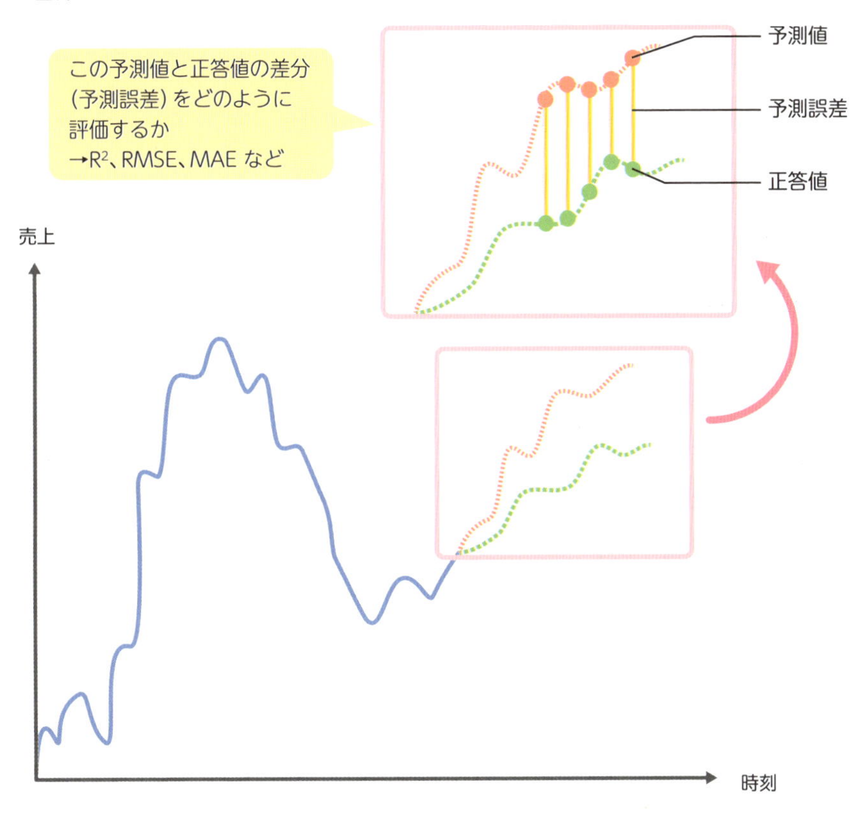

回帰モデルにおける代表的な予測誤差集計方法

(1) R^2 (決定係数)

R^2 (決定係数) は、予測誤差を正規化(数値の大きさなどをそろえること)することで得られる指標で、まったく予測できていない場合を0、すべて予測できている場合を1として大きいほどよい性能であることを示します。予測する値のスケールによらない指標であるため、直観的でわかりやすい指標といえます。

(2) RMSE (平方平均二乗誤差)

RMSE (平方平均二乗誤差) は、予測誤差を二乗して平均したあとに集計する指標で、小さいほどよい性能であることを示します。正規分布の誤差に対して正確な評価ができるため、多くのケースで使われています。R^2 (決定係数)とは異なり、たとえば予測値が個数であれば指標のスケールも個数となるように、得られる値がそのまま予測値の単位になるため、モデルの具体的な評価がしやすい指標としても知られています。

(3) MAE (平均絶対誤差)

MAE (平均絶対誤差) は、予測誤差の絶対値を平均したあとに集計する指標で、小さいほどよい性能であることを示します。RMSEと比較して外れ値(通常の誤差よりもかなり大きい誤差をもつ値)に強いため、多くの外れ値が存在するデータセットで評価をする場合に利用されます。また、RMSEと同様に得られる値がそのまま予測値の単位であり、モデルの具体的な評価がしやすい指標と言えます。

■ 3つの評価指標

R^2 (決定係数)	RMSE (平方平均二乗誤差)	MAE (平均絶対誤差)
・0から1の範囲内の値を取り、1に近いほど分析の精度が高い	・正規分布の誤差に対して正確な評価ができる ・局所的な誤差に左右されやすい	・多くの外れ値が存在するデータセットで評価をする場合に利用される

分類モデルの性能を評価する

続いて、分類モデルです。分類モデルの評価では、回帰モデルの場合と異なり出力と正解が取りうるパターンが複数考えられるため、それらのパターンを**混同行列**という表にすることが基本となります。たとえば「○」と「×」のラベルを分類する問題であれば、出力と正解が取りうるパターンは2×2で4パターンとなるため、混同行列は下図のように2×2の4マスとなります。

■ 混同行列

	正解が「○」	正解が「×」
「○」と予想	TP	FP
「×」と予想	FN	TN

T：True（予想が当たっている）
F：False（予想が当たっていない）
P：Positive（「○」）
N：Negative（「×」）

2ラベル分類の混同行列の4パターンはそれぞれ、正解が「○」であるものを正しく「○」と予想した回数である**TP（True Positive：真陽性）**、正解が「○」であるものを間違って「×」と予想した回数である**FN（False Negative：偽陰性）**、正解が「×」であるものを間違って「○」と予想した回数である**FP（False Positive：偽陽性）**、正解が「×」であるものを正しく「×」と予想した回数である**TN（True Negative：真陰性）**と呼ばれます。混同行列のTP、FP、FN、TNの値をベン図に置き換えると下図のようになります。学習させた分類モデルは、青い線で囲った「本当の境界(データを正しく分けている境界)」を目標としますが、完璧には分けられず、ピンクの線で囲った「推測した境界」のように分類します。緑色で示したデータについては正しい分類ができていますが、橙色で示したデータについては正答とは異なる分類をしています。

■ ベン図で見る混同行列の値

データを正しく分けている境界　　モデルが推測した境界

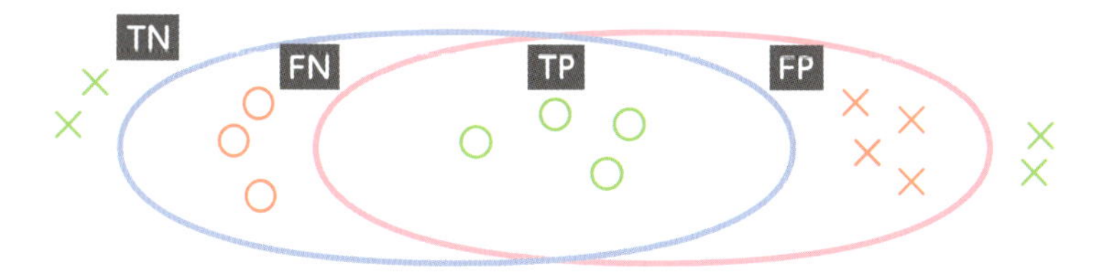

分類モデルにおける代表的な評価指数

ここでは、TP、FP、FN、TNを利用した代表的な評価指標を4つ、紹介します。混同行列の表も再掲しますので、参照しながら読み進めてください。

正解率（Accuracy）

$$正解率 = \frac{TP+TN}{全体の数(TP+FP+FN+TN)}$$

	正解が「○」	正解が「×」
「○」と予想	TP	FP
「×」と予想	FN	TN

T：True（予想が当たっている）
F：False（予想が当たっていない）
P：Positive（「○」）
N：Negative（「×」）

正解率は、全体のデータ数のうち正しく分類できたデータ数の割合を計算できます。これは、一般にいう正解率や正答率と同じものです。

再現率（Recall）

$$再現率 = \frac{TP}{TP+FN}$$

再現率は、実際にマルだったデータのうち、正しくマルとして分類できたデータの割合として計算されます。再現率が用いられるケースとしては「バツをマルとして分類しても問題なく、かつマルのものは確実にマルとして分類したい」といった状況下です。具体例としては、病気の診断が挙げられます。病気の診断においては、病気ではないデータ（バツ）を病気である（マル）と判断（偽陽性）してしまうことよりも、病気であるデータ（マル）を見逃してしまうこと（偽陰性）の方が危険です。そのため、再現率が重視されるのです。

■ 適合率 (Precision)

$$適合率 = \frac{TP}{TP+FP}$$

適合率は、マルとして分類したデータのうち、正しく分類できたデータの割合として計算されます。適合率は再現率とは反対に「マルをバツとして分類してもよいが、バツのものは確実にバツとして分類したい」といった場合に用いられます。たとえばインターネットの検索システムです。この場合は、膨大な数のWebページの中から検索ワードに適合するページをなるべく絞り込んで表示することが求められるため、適合率が高いモデルがよいのです。

■ F値 (f-score)

$$F値 = \frac{2 \times 再現率 \times 適合率}{再現率 + 適合率}$$

再現率と適合率は分かりやすい指標ではありますが、これらを際限なく高めたモデルがよいかというと、必ずしもそうではありません。たとえば病気の診断においては、検査した人全員を病気であると分類してしまえば再現率は100%となりますが、この数値が実用的でないのは、言うまでもないことです。

そこで重要視されるのが**F値**です。実は再現率と適合率はトレードオフの関係にあり、一方が大きくなるともう一方は小さくなります。この再現率と適合率の平均（調和平均）を取ることで、よりよい評価指標となります。これをF値と呼ぶのです。

まとめ

▶ 評価の際は適切な評価指標を用いる

19 ハイパーパラメータとモデルのチューニング

機械学習にも、アルゴリズムの性能を向上させるために人の手でモデルを調整しなくてはならないパラメータがあります。このパラメータを、ハイパーパラメータと呼びます。

ハイパーパラメータ

ハイパーパラメータを理解するにあたり、ここでは多項式を例に解説します。パラメータが直線の傾きや切片など、モデルの中に設定される具体的な値であるのに対し、ハイパーパラメータはモデルを何次式にするのか（直線、二次曲線、三次曲線など）といったモデルの大枠を決める値を意味します。

■ 多項式（直線、二次関数など）の例

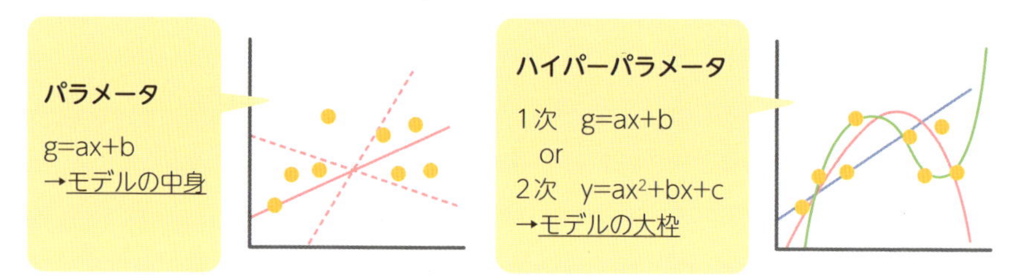

ハイパーパラメータが適切でないと、モデルは性能を十分に発揮できません。そのような、性能が十分でない状態によく見られる特徴として「未学習」と「過学習」があります。

未学習とはその名の通り、十分に学習が行われていないことで性能が低い状態を指します。学習データに対する予測や分類の精度が十分に高くない場合、未学習であると言えます。

対して**過学習**とは、学習データに対する精度の向上を重視し過ぎることで、未知のデータに対する精度が下がってしまっている状態を指します。

次ページから、未学習と過学習についてより具体的に見ていきましょう。

未学習と過学習

例として、アルゴリズムで2次元グラフの形（真のモデル）を推測することを考えます。下図の緑線が真のモデルとすると、実際に私たちが取得することができるデータはそこにノイズ（ばらつき）の乗った黄色い点だと考えてください。機械学習では、アルゴリズムがデータを学習することで、真のモデル（緑線）をよく表現できるようなモデル（赤線）を求めます。使うモデルを多項式（1次→直線、2次→2次関数）とすると、この多項式モデルにおけるハイパーパラメータは、次数であると言えます。

下図①のように、次数が1のときには直線となります。しかし真のモデルが曲線であるため、直線では単純過ぎてうまく表現できていないことがわかります。この状態が未学習です。なお、このようにモデルの表現力が足りないことによって、学習データとモデルとの間に生じた誤差のことを、**近似誤差**と呼びます。

さて、次数が1のモデルでは単純過ぎてうまく表現できなかったので、今度は次数を思い切って増やしてみましょう。学習させるのは、次数が8のモデルです。すると下図②のように、学習させたデータ（黄色の点）にぴったりフィットしたモデルを得ることができました。しかし、データのなかった部分は真のモデル（緑線）から大きく外れており、これでは真のモデルをよく表現できているとは言えません。このようなモデルでは、学習データに対する精度は高くなりますが、未知のデータに対する精度は悪くなってしまいます。このように、モデルが過学習してしまったことで、未知のデータ（テストデータ）とモデルとの間に生じた誤差のことを**推定誤差（Validation Loss）**と呼びます。

■ 未学習と過学習

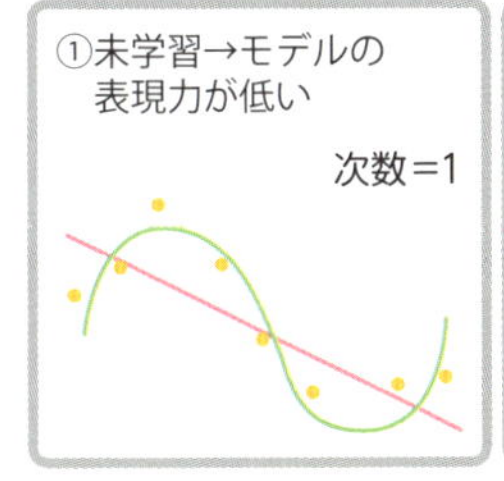

②過学習→モデルが過度にデータにフィットしており、真のモデル（緑線）とは異なる形状になっている
次数=8

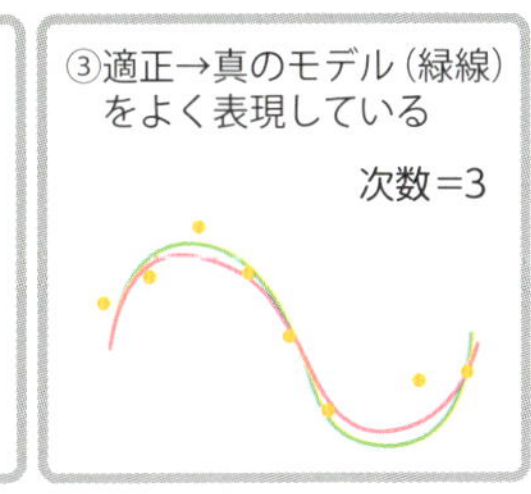

——：真のモデル　●：学習させたデータ　——：アルゴリズムが導くモデル

ハイパーパラメータのオートチューニング

前ページの例は、多項式モデルにおける次数について考えたものでしたが、実際には利用するモデルそれぞれで決定しなければならないハイパーパラメータが多数存在します。また、前ページの図で示した2次元グラフのように可視化して調整することのできない問題も多いため、**ハイパーパラメータを人がチューニングすることはかなり難しい**のです。

そこでハイパーパラメータを決定するために、機械学習にはさまざまなオート（自動）チューニングの手法が存在します。

一番単純な手法は、すべてのハイパーパラメータ候補の組み合わせを試行し、もっとも性能のよいものを選択するという方法です。この方法は**グリッドサーチ**といい、ハイパーパラメータ候補の中でもっともよいハイパーパラメータを必ず選択できます。ただし、候補の数が多くなると指数的に計算量が増大するため、学習データが多かったりモデルが複雑であったりと、一回の学習で必要となる計算量が大きい場合には利用が困難です。こういった場合にはすべてではなくいくつかの組み合わせを試行し、その中でもっともよいハイパーパラメータを採用する手法が採用されます。このようにさまざまな手法が存在しますが、ここではその中でもよく利用されるものをいくつか紹介します。

■ハイパーパラメータの組み合わせを決める手法

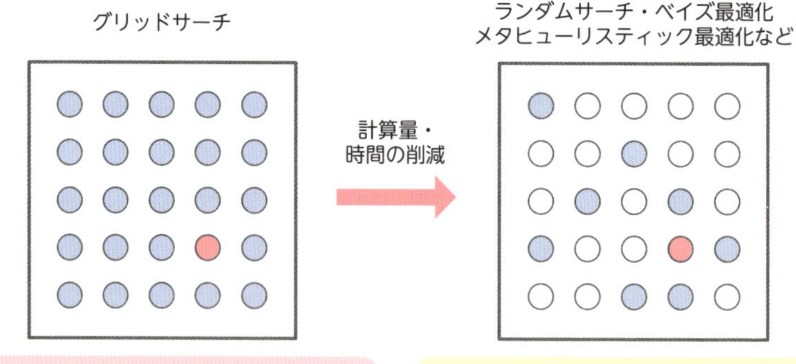

- すべての組み合わせを試行するので、もっともよいハイパーパラメータが得られる
- しかし計算量が膨大になるため、すべて試行することが難しいケースが多い

- いくつかの組み合わせを試行し、その中でもっともよいハイパーパラメータを採用する
- 試行する組みあわせの決め方でさまざまな手法が存在する

■ その他の手法

ランダムサーチ	ハイパーパラメータの組み合わせをランダムに試行する手法。何パターン試行するかを指定するだけで実行することができるため、かんたんに実装することが可能。
焼きなまし（疑似アニーリング、SA）法	金属加工における「焼きなまし（ある材料を加熱し、その後時間をかけて冷やしていく熱処理のこと）」に似ていることから名付けられた手法。最初はさまざまなパターンを広く試し、徐々に探す範囲を狭くしながらよい組み合わせを探索する。
ベイズ最適化	ガウス過程という回帰モデルを利用して、よいハイパーパラメータを探索する手法。試しにいくつかのパラメータ候補で精度を計算し、その結果をもとに、さらに「精度が高くなりそう」かつ「まだ探索しきれていなさそう」なパラメータ候補を推定することで、効率的に探索を行う。
遺伝的アルゴリズム	生物の進化のしくみを模倣した手法。ハイパーパラメータの組み合わせを遺伝子とみなし、淘汰・交叉・突然変異などの処理をくり返し行う（世代交代）ことでよい組み合わせを探索する。

まとめ

- ハイパーパラメータはモデルの大枠を決める値のこと
- 未学習と過学習に注意する
- ハイパーパラメータを自動で決める手法も存在する

20 能動学習

機械学習において教師あり学習を行うには、教師データとなる大量のラベル付きデータが必要です。一般に、教師データ用のラベル付けには時間がかかりますが、能動学習を使うと予測精度を悪化させずに、ラベル付けするデータを少なくできます。

ラベル付きデータの作成は煩雑

機械学習（特に教師あり学習）を行うためには大量のラベル（正解）付きデータが必要ですが、ラベル付けの作業は煩雑です。そのため、教師データをやみくもに作って学習（受動学習）するのではなく、教師データの数を絞って学習する**能動学習**を採用すると効率的です。

そもそもラベル付けにおける効率化の重要性がイメージできない、という方のために、例を挙げましょう。ここでは、「ポケモン」のキャラクターがそれぞれ何というキャラクターなのか、機械学習で判定したいとします。画像には正解の情報が付与されていないため、画像一つ一つの正解を人が判定し、その上で教師データを作成します。その際、判定する人は当然、ポケモンの全キャラクターの見た目を正確に把握していなければなりません。また、正解を入力する際はキーボードなどを使いますが、800種類以上あるポケモンの判定を行うには1つのキーに1体のキャラクターを対応させるだけでは足りません。結果として、キーボードを何回も複雑に打つ必要があり、非常に手間がかかります。効率的に教師データを作成することは重要なのです。

■ ラベル付けのコストを低減する能動学習

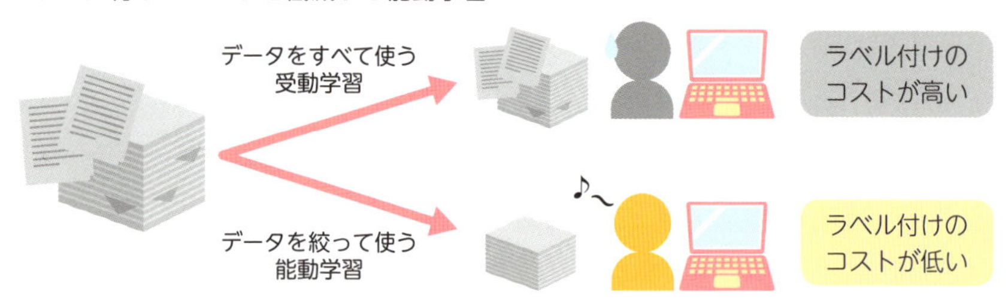

ラベルを選ぶ基準

すでに確認したように、教師データを効率的に作成するには、大量のデータからラベル付けすべきデータを厳選する必要があります。しかし、何を基準に厳選すればよいのでしょうか。

答えは、**まぎらわしいデータ**のラベルを作成することです。明らかに区別がつく大量のデータよりも、区別がまぎらわしい少数のデータのラベルを作成して学習したほうが精度向上につながるためです。このことは、人の学習に置き換えてもすんなりとイメージできるでしょう。

これらを踏まえた上で、Section02でも使ったA店派とB店派の例を使って説明します。下図のように、A店派とB店派（ラベル付きデータ）の分布のほか、何店派なのか不明（ラベルなしデータ）の分布がわかっているとします。ラベル付きデータのみで派閥の境界線を書いたのが下図左です。効率的に境界線の精度を上げるには、派閥不明の家庭のうち、一番まぎらわしい（境界線上に最も近い）家庭を選んで、どちらの派閥に属するのかを聞く（ラベルを付ける）のがよいでしょう。明らかに区別できる家庭（A店あるいはB店に近いと一目でわかる家庭）を選んでラベルを付けても、境界線の精度はほとんど上がりません。

■ 教師データは「まぎらわしい」データのラベルを選ぶ

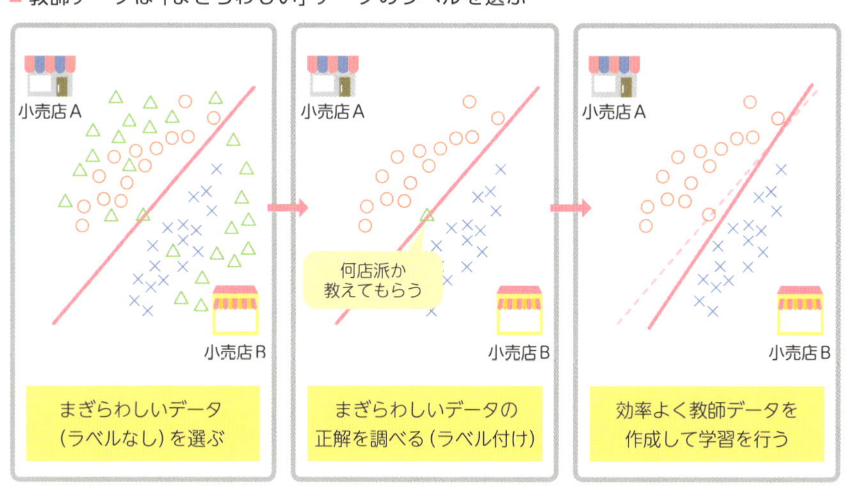

○：A店派（ラベルあり）　×：B店派（ラベルあり）　△：派閥不明（ラベルなし）

ラベル付きデータの作り方

能動学習では、「**学習者（learner）**」「**判別者（oracle）**」「**質問（query）**」という3つの用語を使って表現します。学習を行う学習者が、データの正解ラベルを知る判別者に対し、正解ラベルを問う質問を行ってラベル付けする、という流れです。なお、学習者は機械学習システム、判別者は人間、質問を行うことはラベル付けをすることと同義です。

■ 3つの用語

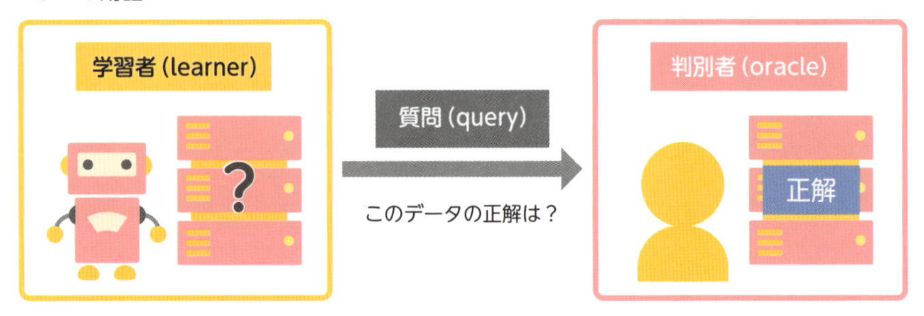

流れが理解できたところで、実際にまぎらわしいラベル付きデータを作る代表的な手法として、以下の3つを確認していきましょう。

(1) Membership Query Synthesis

まぎらわしいデータを自ら作り出したあと、判別者に質問を行う方法です。たとえば、手書き数字の画像認識では1と7が似ているため、1と7の中間に見えるような手書き数字の画像を生成し、判別者に正解ラベルを質問します。

(2) Stream-Based Selective Sampling

ラベル付けが済んでいないデータを1つ取り出し、そのデータがまぎらわしければ正解ラベルを質問します。質問しなかったデータは破棄されます。

(3) Pool-Based Samping

大量のラベルなしデータすべてについてまぎらわしさを計算し、もっとも学習に役立つデータの正解ラベルを質問します。

■ ラベル付きデータの作り方

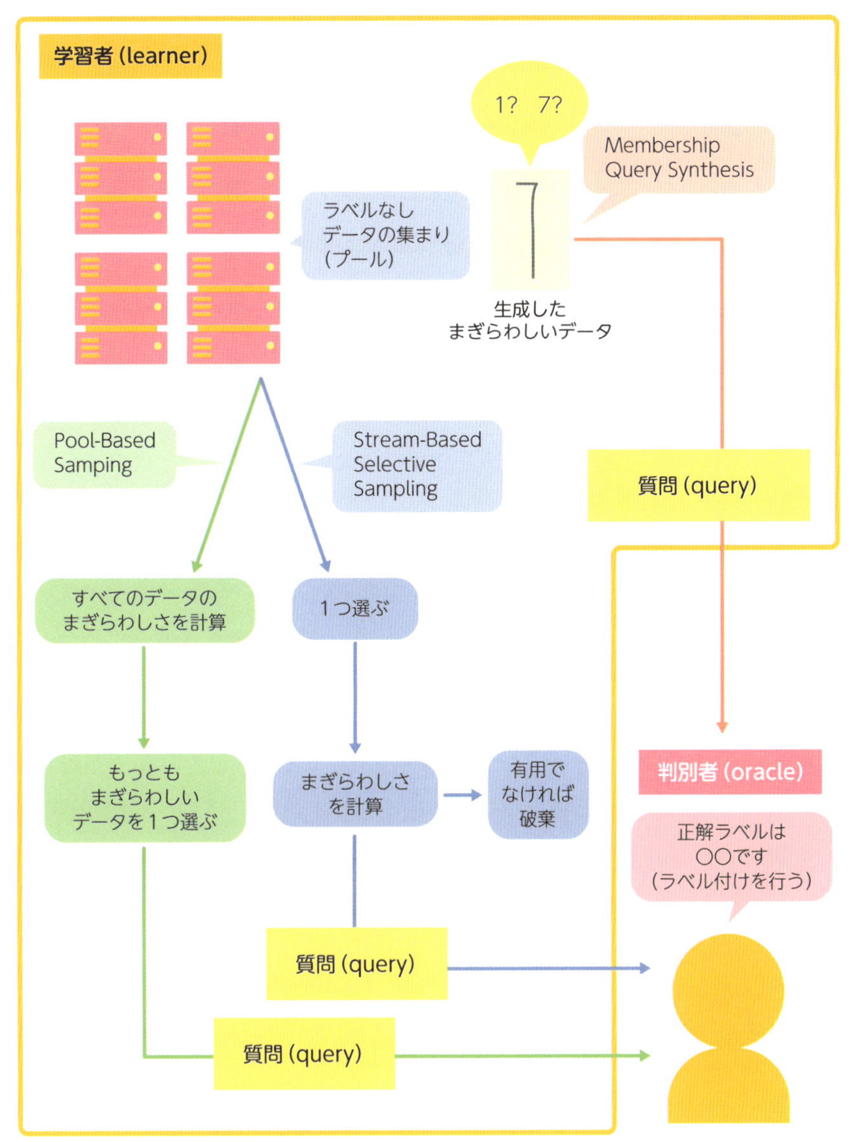

21 相関と因果

データから相関関係を導くことは比較的かんたんですが、因果関係を導くのは難しいことです。データを利用する機械学習においては、両者の区別は非常に重要です。ここでは両者の違いのほか、データから因果関係を分析する手法も解説します。

相関関係と因果関係

まずは相関関係について知っておきましょう。相関関係とは、「ある変数が大きいときに、他の変数も大きい」「ある変数が大きいときに、他の変数は小さい」といった関係のことです。前者を正の相関関係、後者を負の相関関係といいます。たとえば、身長が高い人ほど体重も重い傾向にあるため、身長と体重は正の相関があると言えます。次に因果関係とは、「ある変数を変化させたときに、他の変数も変化する」関係のことです。相関関係とは別物であることを理解しましょう。「身長が高い人ほど体重が重い」という相関関係においては、「身長を伸ばせば体重が重くなる」因果関係は正しいかもしれません。しかし、「体重を増やせば身長が伸びる」因果関係は正しくありません。体重が増えても身長は伸びず、ただ太っていくだけになってしまいます。統計学（や機械学習）では相関関係を分析することはできますが、相関関係だけで因果関係を結論づけるには無理があります。

■ 相関関係と因果関係

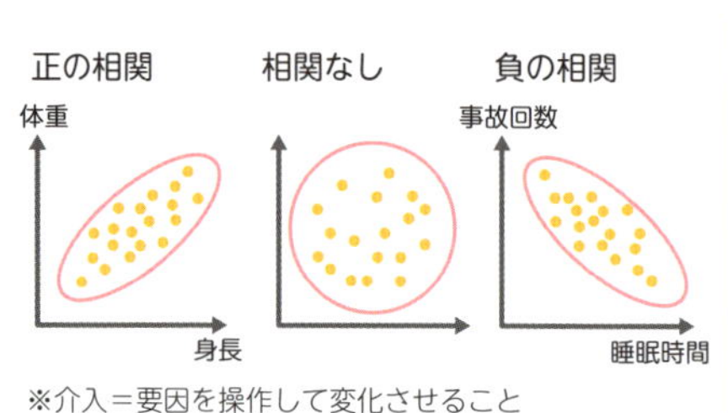

※介入＝要因を操作して変化させること

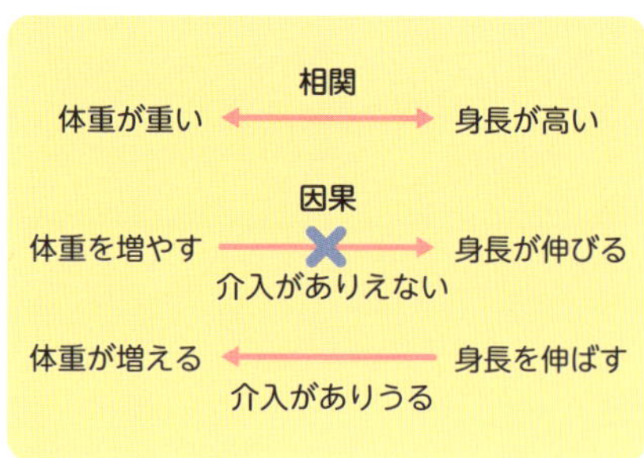

疑似相関

疑似相関とは、「本当は因果関係がない要素の間に、見えない外部の要因の影響で因果関係ができているように見えること」です。この見えない外部の要因のことを「交絡変数」「交絡因子」「共変数」と呼ぶこともあります。たとえば、「スキーをする人が多い時期は暖房器具を買う人が多い」という関係は疑似相関と言えます。ここでの交絡変数としてはたとえば気温が考えられるでしょう。もし気温が低いなら、暖房器具を買う人は多くなるはずです。また、気温が低いと雪が多くなり、スキーをする人も多くなります。そのほか、「小学生の計算テストの成績と50m走のタイム」の関係も疑似相関の可能性が高いと言えます。この場合であれば、交絡変数は学年です。学年が上がれば計算の能力は向上し、50m走のタイムも上がるのは自然であると言えるでしょう。

ただし「スキー人口を増やせば、暖房器具の需要が高まる」「計算テストの成績を上げれば、50m走のタイムも向上する」のように因果関係に無理やり結びつけてしまうと、かえって本質を見誤ってしまいます。

■ 疑似相関

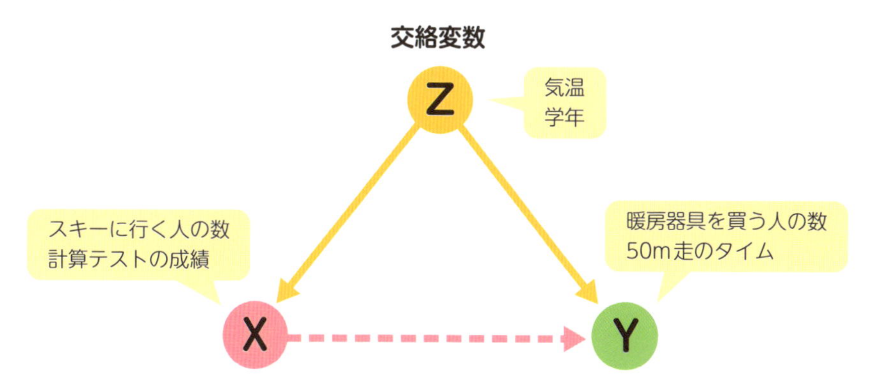

疑似相関にだまされない因果分析の方法

データから因果分析を行う際には、下表のようなガイドラインがあります。データを分析した結果、原因とされるもの（"原因"）と結果とされるもの（"結果"）が因果関係にあると判断するためのものです。このガイドラインは、主に生物学・医学の研究で使われているものですが、機械学習や統計を利用したデータ分析に役立つ部分も多いでしょう。

相関関係から因果関係を見抜くのにもっとも確実な方法は、実験です。主な方法として、**ランダム化比較試験**があります。医療分野以外では、A/Bテストと呼ばれることが多いかもしれません。たとえば、あるアンケートの結果、「朝ごはんを食べていること」と「成績」の間に強い相関が見られたとします。「朝ごはんを食べると成績が上がる」という結論を導くためには、ここで朝ごはんを食べるグループ（介入グループ）と朝ごはんを食べないグループ（比較グループ）をランダムに分けた上で、成績の差があるかどうかの実験を行う必要があります。また、朝ごはんを食べるか否か以外は、各グループの特徴を同じにする必要もあります。このように、"原因"の有無だけを変化させて"結果"を観察する実験がランダム化試験なのです。

■ 因果分析におけるガイドライン

1	強固性	"原因"と"結果"の間に強い関連があると数値（統計）からわかること
2	一致性	観察対象、実証する手法などの条件を変えても結果が一致すること
3	特異性	"原因"以外の要素と"結果"の相関や、"結果"以外の要素と"原因"の相関が強くないこと。"原因"と"結果"の相関だけが際立って強いこと
4	時間的先行性	"原因"の後に"結果"が起こること
5	量-反応関係	"原因"の値が大きくなると、"結果"の値も単調に大きくなること
6	妥当性	各分野（例えば生物学・医学）の常識にもとづいてもっともらしいこと
7	整合性	過去の知見と矛盾しないこと
8	実験	観察された関連性を支持する実験的研究（例えば動物実験）が存在すること
9	類似性	すでに確立している別の因果関係と類似した関係があること

出典：Hill, Austin Bradford (1965). "The Environment and Disease: Association or Causation?". Proceedings of the Royal Society of Medicine. 58 (5): 295–300. PMC 1898525. PMID 14283879.

実験を行うことが困難な場合は、今持っているデータを使って、実験に近い分析（疑似実験）を行います。その分析手法の1つが、**回帰分断デザイン**です。この手法では、境界線の前後では“原因”以外の要素がほぼ変わらないことを利用します。“原因”だけを変化させて“結果”を観察するランダム化比較実験と同じような状況が再現できるためです。横軸に年齢を、縦軸に外来患者数の対数を取ると、70歳を境に病院の外来患者数が増加していることが見て取れます。また、医療費の自己負担比率は、70歳を超えると3割から2割になります。これ以外の要素は70歳の直前直後ではほぼ同じと考えられるので、自己負担比率（“原因”）だけを変化させて外来患者数（”結果”）の変化を観察できます。

似た手法として、中断時系列デザインがあります。この手法では、時系列データを利用して横軸を時間にとります。ある時刻を境に“原因”が変動したときの変化（たとえば、消費増税による消費行動への影響）を観察するときに有効です。

■ 回帰分断デザイン

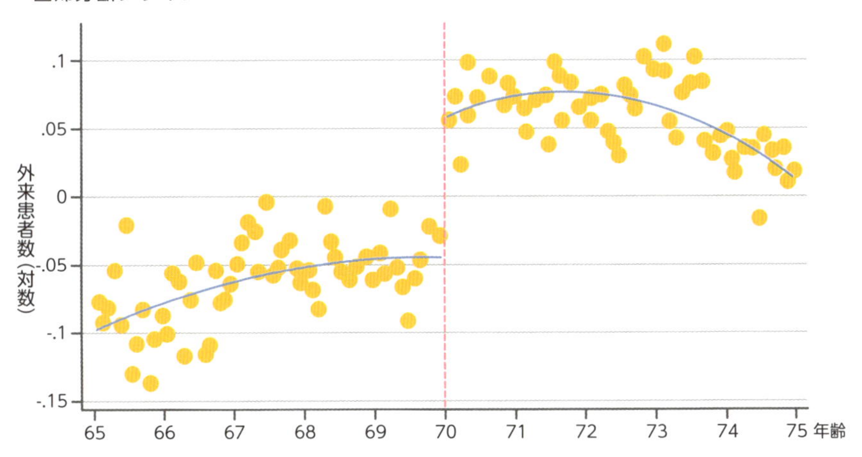

参照：Shigeoka, Hitoshi. 2014. "The Effect of Patient Cost Sharing on Utilization, Health, and Risk Protection." American Economic Review, 104 (7): 2152-84.

相関と因果を分けて考え、適切な手法を選ぶ

22 フィードバックループ

機械学習システムで注意しなければならないのは、システムの振る舞いを完全には制御できない点です。モデルを随時更新するようなシステムではフィードバックループが起こり、予期せぬ動作を引き起こす場合もあります。

機械学習を使ったシステムの落とし穴

機械学習を使ったシステムには大きな落とし穴があります。それは、**コードの書き方だけではシステムの振る舞いが規定できない**点です。機械学習がデータを必要とする以上、システムの振る舞いはデータに大きく依存してしまいます。そのため、もし誤りを含んだデータをモデルが学習してしまうと、モデルの出力が意図しないものになってしまう可能性があるのです。また、機械学習システムでは、システムのうち何かしら一つの要素を変更すると、他のすべての要素も変わってしまう（Changing Anything Changes Everything, CACE）、いわば「あちらを立てればこちらが立たない」ケースがあるのもしばしば問題となります。たとえば、寿司の画像を読み込ませ、寿司ネタを判別するモデルを作成したとします。そのうち、特定のネタ（たとえばマグロ）の判別精度がよくない場合には、機械学習モデルのパラメータをいじったり、マグロの画像データを追加したりします。これによってマグロの判別精度がよくなったとしても、他のネタの判別精度が保たれることは保証できません。他のネタは判別が難しくなることも十分考えられます。機械学習ではモデルの中身がブラックボックスとなるため、振る舞いを監視することが重要です。

■ Changing Anything Changes Everything

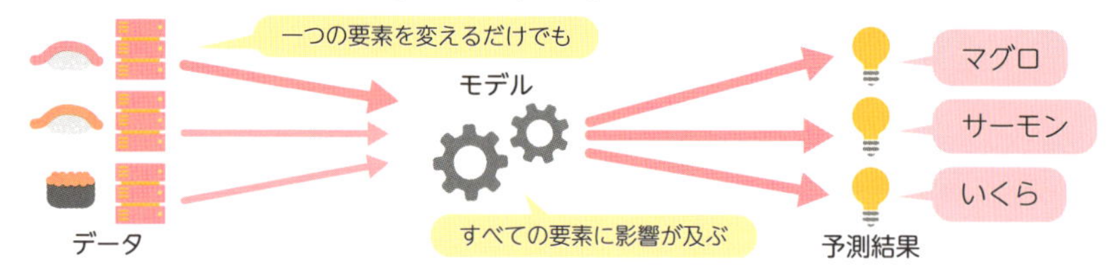

フィードバックループ

観測された最新のデータに基づいて随時モデルを更新していくような機械学習システムでは、システムの使用開始前にその振る舞いを予測するのが難しい場合があります。特に気を付けたいのが、フィードバックループです。**フィードバックループ**とは、システムの振る舞いが環境に影響を及ぼし、次に観測するデータが環境から影響を受けて変化してしまう現象です。

この際、システムの振る舞いの変化が急であったり頻繁に起こったりする場合は、振る舞いの変化の検出は比較的かんたんです。一方、システムの振る舞いが徐々に変わっていったり、モデルの更新の頻度が低い場合には、振る舞いの変化に気づくのが遅れる場合があります。

直接的なフィードバックループの例としては、予測警備があげられます。予測警備とは、過去の犯罪のデータをモデルに学習させ、犯罪が多く起こると予測される場所を重点的に警備する警備の方法です。警察は犯罪の起こる場所を重点的にパトロールするため、その場所での検挙件数は多くなります。これによってさらに犯罪のデータが蓄積されていき、その場所での警備はさらに強化されていきます。これは、確証バイアス（仮説を実証する情報ばかりを集め、反例を集めようとしない傾向のこと）の自動化にほかなりません。

■直接的なフィードバックループ

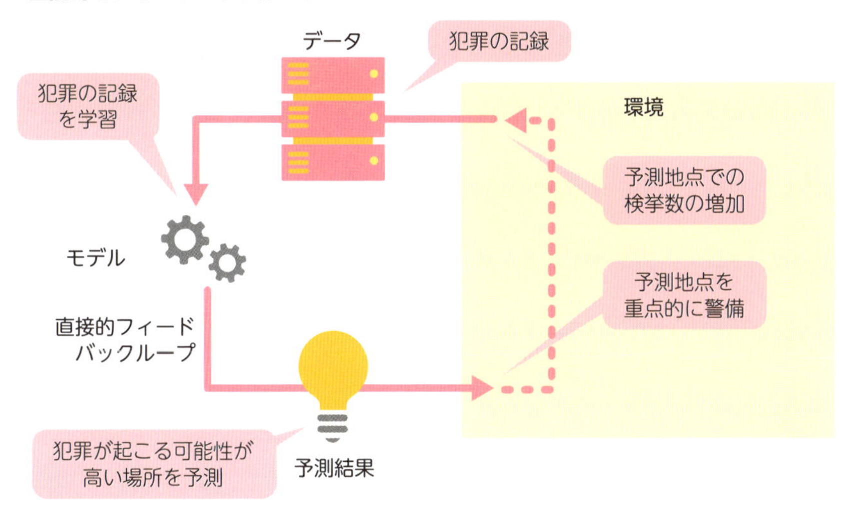

隠れたフィードバックループ

直接的なフィードバックループより厄介なのが、目に見えない間接的なフィードバックループです。これを**隠れたフィードバックループ**といい、独立した複数の機械学習システム間で起こります。

証券会社のA社とB社が別々に機械学習を使ったトレードシステムを作ったとしましょう。それぞれのトレードシステムは、最新の取引データを学習してモデルを随時更新していきます。ところが、証券会社Aのシステムにバグがあり、自身のシステムに不利で他のシステムに有利となるような取引を行ってしまったとします。すると、本来なら起きない取引のデータを証券会社Bのシステムが学習するため、証券会社Bのシステムもまた予期せぬ取引を行ってしまいます。さらにその取引データをA社のモデルが学習し、A社による予期せぬ取引がさらに行われることになります。このように、システムが独立であっても、環境への、あるいは環境からの影響を通じて間接的なフィードバックループが起こることもあるのです。

■隠れたフィードバックループ

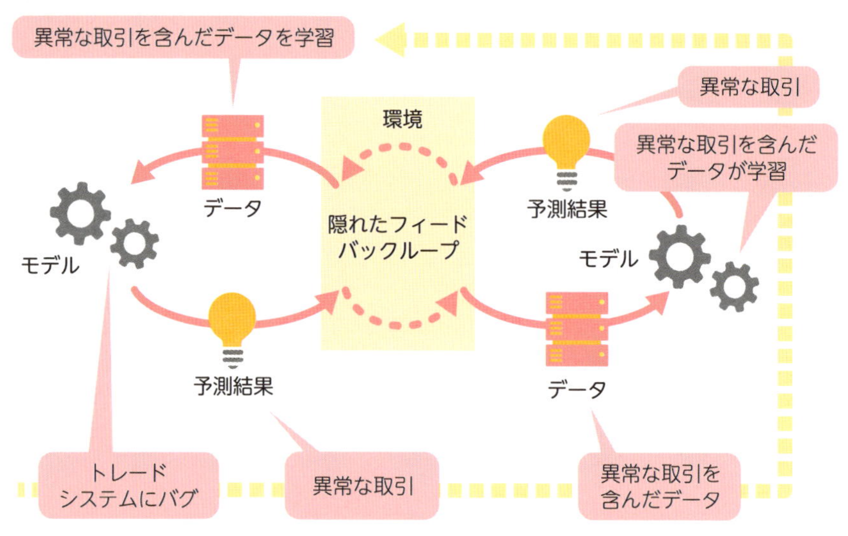

まとめ ▶ **システムの振る舞いの変化には要注意**

4章

機械学習のアルゴリズム

この章から、機械学習の現場でよく使用されるアルゴリズムとその原理について、概要を解説していきます。数学的知識は不可避になりますが、よく見ればシンプルな考えに基づくものも多いのです。じっくりと考えていきましょう。

23 回帰分析

回帰とは、「データにもっともフィットする線を引くこと」だと思ってよいでしょう。そのための手法として、ここでは単回帰・重回帰・多項式回帰・ロバスト回帰を解説していきます。

単回帰と最小二乗法

単回帰は、原因1つと結果1つの関係を直線で表します。例として、バネにおもり(重さx)をつるしてバネの長さ(y)を測る実験を考えます。原因となる重さxを説明変数、結果となるバネの長さyを目的変数と呼び、実験の結果得られたデータをグラフ上の点(x, y)で表します。数式y =○x+△はグラフ上では傾き（係数）○、切片△の直線であるため、データの点にもっとも沿うような直線を引けば、最適な○と△を求められます。「データの点にもっとも沿う」とは、直線とデータの誤差の合計が最小になることです。バネの長さが20.5cmで、理論上20cmだったとすると、誤差は（yの実測値）-（yの理論値）=20.5-20=+0.5です。実測値が19.8cmだった場合は、誤差は-0.2となります。ただし、このまま誤差の合計を考えると、誤差の＋ーが打ち消し合ってしまいます。そこで今回は数学的に処理しやすいよう、誤差の2乗の和を「誤差の合計」と考えます。このように、誤差の合計を求めるための式を誤差関数（損失関数）といい、誤差の2乗の和をとって最小化する方法を**最小二乗法**といいます。

■ 単回帰

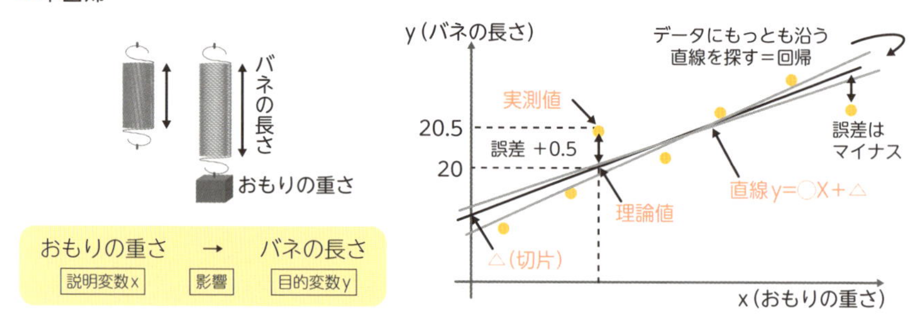

重回帰

単回帰と異なり、原因（説明変数）が複数あると考えられる場合、**重回帰**を用います。たとえば小売店の売上に影響する説明変数として、店舗面積、駅からの距離、駐車場の大きさ、従業員数などさまざまなものが考えられます。これら複数の説明変数をx_1, x_2, x_3,…として、y=○x_1+△x_2+□x_3+…+●という式にし、その中で最適な係数○△□…と●を求めるのが重回帰です。この式はグラフ上では平面として表されます。係数は説明変数に対する「影響の重さ」と考えることができるため重み（weight）と呼ばれ、wで表されることもあります。この際に注意すべきは、**多重共線性**です。これは、たとえば降水量と降水日のように、相関の強い変数を両方とも説明変数に入れて重回帰を行うと、正しく回帰ができなくなることです。多重共線性を避けるには、相関の強い説明変数のペアがある場合にどちらか一方を取り除くことが大切になります。

■ 重回帰

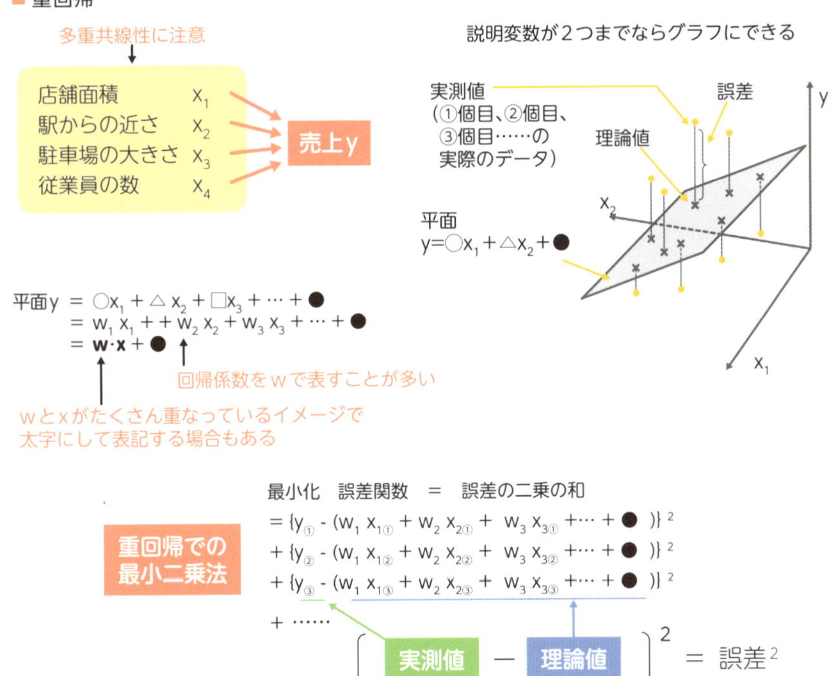

多項式回帰

関係が直線でないと考えられる場合、説明変数の2乗, 3乗, ...を考えます。ここで、数式$y = ○x^1 + △x^2 + □x^3 + \cdots + ●$に対して、最適な係数○△□…と●を求めるのが、**多項式回帰**です。この際、数式で最大何乗まで考えるかを次数といいます。次数を増やすと、より複雑な曲線を表現できますが、回帰結果の曲線が不安定になってしまうので注意しましょう。下のグラフでは、次数を300にしたために曲線が不安定になり、過学習が起こっています。

■ 多項式回帰

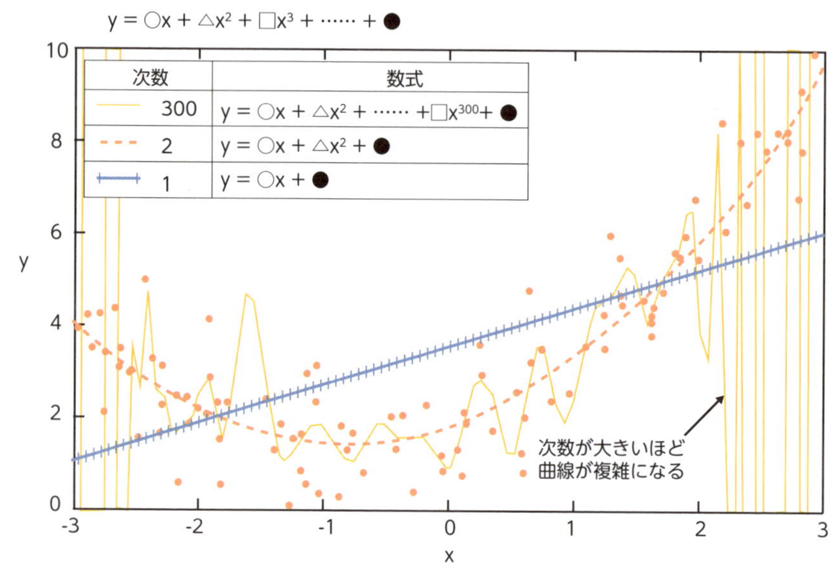

Géron, Aurélien. Hands-on machine learning with Scikit-Learn and TensorFlow : concepts, tools, and techniques to build intelligent systems. Sebastopol, CA: O'Reilly Media, 2017.のFigure 4-14を参考に作図

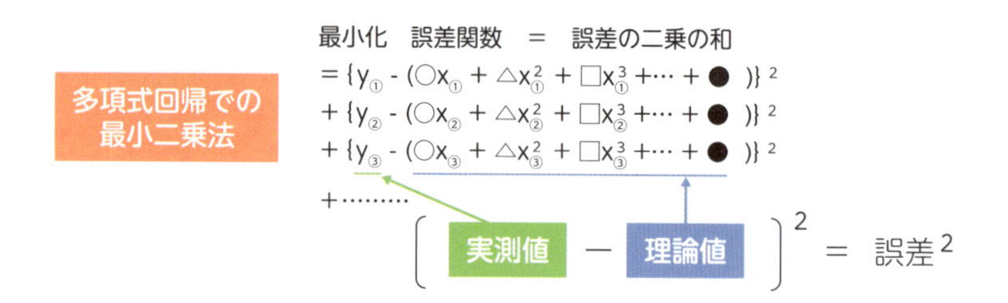

ロバスト（頑健）回帰

最小二乗法の欠点として、外れ値（他の値から大きく外れた値）があった場合に回帰結果が的はずれなものになってしまう、ということがあります。最小二乗法では誤差の二乗を計算するため、誤差が大きいと誤差関数に与える影響は非常に大きくなります。そこで、外れ値の影響を小さくするために用いるのが**ロバスト回帰**です。

ロバスト回帰の中で代表的な方法としては、**RANSAC**(Random Sample Consensus)があります。RANSACでは、データをランダムに抽出して回帰を行い、正常値にあたるデータの割合を求めます。これをくり返して、もっとも正常値の割合が高い直線を回帰直線とします。ほかにも、Theil-Sen推定量(Theil-Sen estimator)を用いる方法やHuber損失を用いる方法などがあります。

■ ロバスト回帰とその具体的な手法

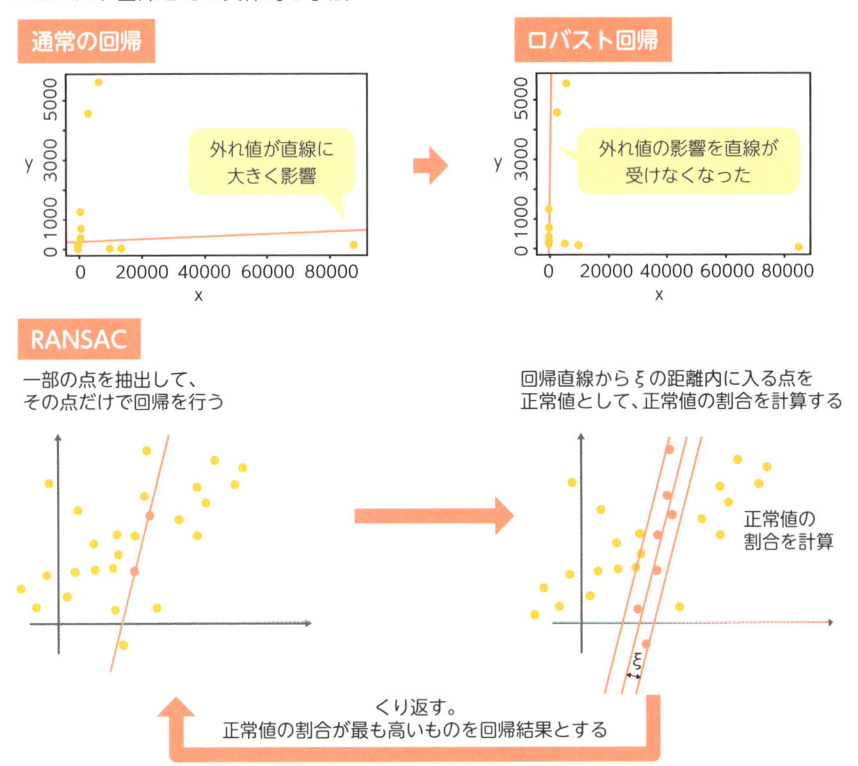

過学習を抑える正則化

重回帰では、相関の強い説明変数のペアがあると正しく回帰がうまくできなくなると説明しました。多くの要素が影響しているからといって、なんでもかんでも説明変数に入れてしまうのはよくないということです。さらに、多項式回帰では、説明変数の1乗、2乗、……、300乗を考えて回帰を行うと、回帰結果の曲線が不安定になってしまう点も確認しました。以上は、いずれも説明変数の選び方が適切でなかったために生じた現象です。単純な最小二乗法では、変数の選択を間違えると、回帰係数○△□...が非常に大きくなる傾向にあります。回帰係数が非常に大きいと、説明変数xが少し変化しただけで予測結果yに大きな影響を与えてしまうのです。これを防ぐために、**罰則項（正則化項）**を導入します。罰則項とは「回帰係数が大きいことによるペナルティを与える項」という意味です。

単純な最小二乗法では、誤差関数を誤差の二乗和として誤差関数を最小化していました。説明変数の選び方が適切でないときに単純な最小二乗法を行うとどんどん回帰係数が大きくなってしまいますが、罰則項によってブレーキをかけることができます。具体的には、誤差関数を誤差の2乗和＋罰則項として、この誤差関数を最小二乗法で最小化します（正則化最小二乗法）。回帰係数が大きくなると罰則項も大きくなるので、正則化最小二乗法では、誤差をできるだけ小さくしながら、回帰係数を大きくしすぎないようにできるのです。これにより、予測結果を安定化することができます。

■ 正則化最小二乗法

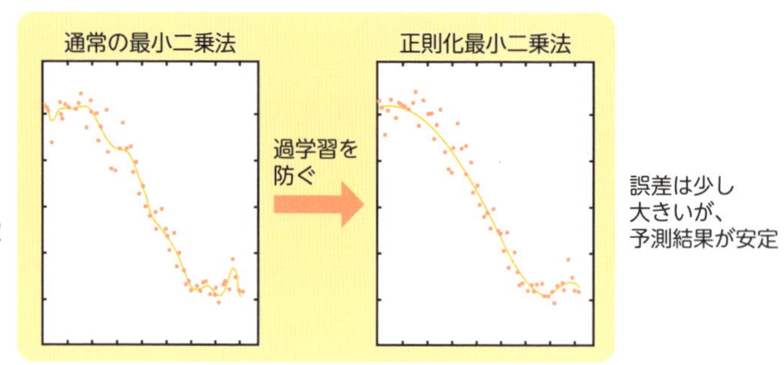

罰則項の作り方は、大きく分けて2つあります。1つ目が回帰係数の絶対値の和を基準とするもの（**L1正則化**）で、もう1つが回帰係数の2乗和を基準とするものです（**L2正則化**）。L1正則化を用いて回帰を行うと、あまり重要ではない説明変数の回帰係数がゼロになる性質があります。そのため本当に必要な変数だけが回帰に利用されることになり、また人間が見て「どの変数が重要か」がわかりやすくなります。一方のL2正則化は、誤差関数を最小化する計算がL1正則化よりかんたんですが、回帰係数を正確にゼロにすることはあまりありません。なお、一般的には、L2正則化の方が予測の性能は高いと言われています。

線形回帰においては、L1正則化を用いる回帰を**ラッソ回帰**、L2正則化を用いる回帰を**リッジ回帰**と呼びます。さらに、L1, L2正則化の両方を用いたものは**Elastic Net回帰**と呼ばれています。なお、ニューラルネットワーク（Section 34参照）でも、L1正則化やL2正則化を使うことで、過学習を抑えられます。

■ L1正則化とL2正則化

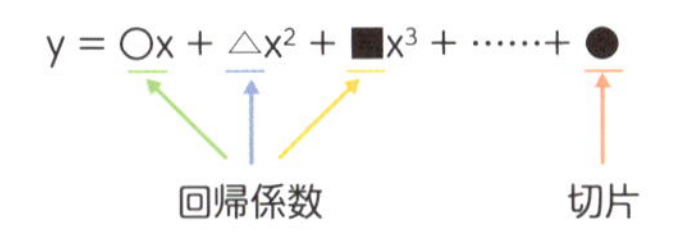

例：$y = x + 2x^2 - 3x^3 + 4$の
回帰係数は1、2、-3、切片は4

線形回帰では
ラッソ回帰：L1正則化
リッジ回帰：L2正則化

L1正則化

・回帰係数の絶対値の和を基準
・不要な変数は使われない

例：$|1| + |2| + |-3| = 1 + 2 + 3 = 6$

L2正則化

・回帰係数の2乗の和を基準
・最小化の計算がかんたん

例：$1^2 + 2^2 + (-3)^2 = 1 + 4 + 9 = 14$

まとめ

- 回帰分析には、単回帰・重回帰・多項式回帰などがある
- 外れ値の多いデータには、ロバスト回帰が有効
- 正則化で過学習を抑える（リッジ回帰・ラッソ回帰など）

24 サポートベクターマシン

サポートベクターマシンはデータをもっとも引き離す境界線を引くための手法で、ディープラーニングブームを使わない機械学習の中では主流の方法です。カーネル法を使うことで、曲線の境界線を引くこともできます。

サポートベクターマシンとは

サポートベクターマシン（以下、**SVM**）とは、教師あり学習において回帰・分類・外れ値検出を行う方法の1つです。

実は、SVMの考え方そのものはすでに学んでいます。Section02で、2店舗の派閥分類を例に、データの点をもっとも引き離すような境界線を引くことが分類だと解説しましたが、あれこそがSVMの考え方でもあるのです。

機械学習の手法では、説明変数はしばしば入力あるいは特徴量と呼ばれます。特徴量とは、「データの特徴をよく表す量」という意味です。また、結果となる変数（目的変数）は出力と呼ばれます。

サポートベクター（ベクトル）とは、境界にもっとも近いデータの点のことです。新しいデータが入力されたときの誤判定を防ぐため、境界に近いデータであっても境界からできるだけ離すことが重要になります。サポートベクトルと境界との距離を**マージン**といい、SVMではこのマージンを最大化しています。SVMのしくみは、特徴量の数が3つまでであれば簡単に図示することができます。1つ1つのデータは点で表されます。境界は、特徴量の数が2つなら2次元平面上の直線として、3つなら3次元空間上の平面として表されます。

なお、4つ以上の場合、4次元(以上の)空間を考えなければならず、正確な図示は不可能です。そのような4次元以上の空間における分類境界は、**超平面**と呼ばれます。

■ SVM

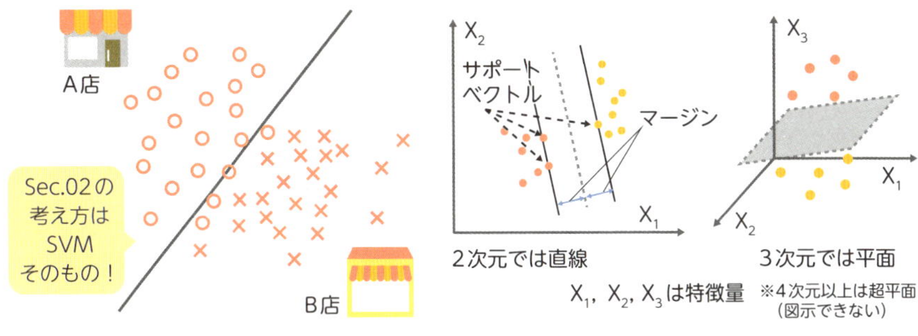

ソフトマージンSVM

SVMでは、直線・平面・超平面を境界としてデータを分離しますが、このことを**線形分離**といいます。しかし実際のデータにおいては、線形分離が可能なケースというのは多くないのです。というのも、何らかのノイズによって境界が不明瞭な場合や、そもそもデータが線形分離可能な形をしていない場合があるためです。このような場合に使う手法として、**ソフトマージンSVM**と**カーネル法**があります。

ソフトマージンSVMは、誤差を認めるとよりよい線形分離ができるような、いわゆる「惜しい」データに用います。これまでのSVM（ハードマージンSVM）とは異なり、（反対側を含めた）マージンにデータが入ることを許すのが特徴です。ただし、データがマージンに入った場合はペナルティを与え、マージンの最大化とペナルティの最小化を同時に行うことで、できるだけうまく分離するような境界を見つけるのです。データにはノイズが入っていることが普通なので、実際の機械学習では主にソフトマージンSVMが使われます。

■ ソフトマージンSVMの特長

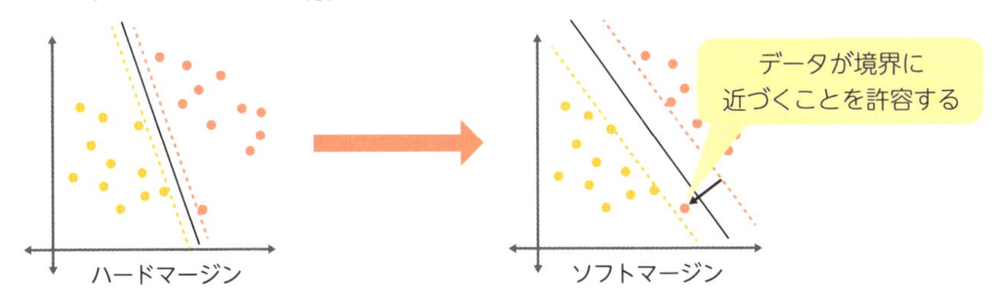

カーネル法

続いて、**カーネル法**です。カーネル法は、派閥の境界がそもそも曲がった形(非線形)になっている場合に用います。派閥の境界が曲がっていた場合は、データから新しい特徴量を作って、うまく線形分離可能になるようにプロットしなければなりません。この作業を「**線形分離可能な高次元特徴空間に写像する**」と表現します。たとえばA店とB店の派閥が、盆地ではA店、盆地の外ではB店であったとします。このとき、緯度と経度を特徴量とする2D地図上ではA店の派閥がB店の派閥に囲まれており、線形分離は不可能です。しかし、標高という新たな特徴量を追加すると、データの点が2D地図から3D地図に写像され、派閥を線形分離できるようになります。この結果を2D地図に戻すと、非線形分離がされたように分離できるのです。実際のデータでは、データに存在する特徴量から、うまく線形分離可能になるような特徴量を新たに作り出さなくてはなりません。その作り方を指定するのがカーネル関数です。カーネル関数としてはガウシアン(RBF)カーネルや多項式カーネルなどがあります。カーネル関数を使いつつ計算量を減らす工夫は、カーネルトリックと呼ばれます。

■ 線形分離可能な高次元特徴空間に写像する

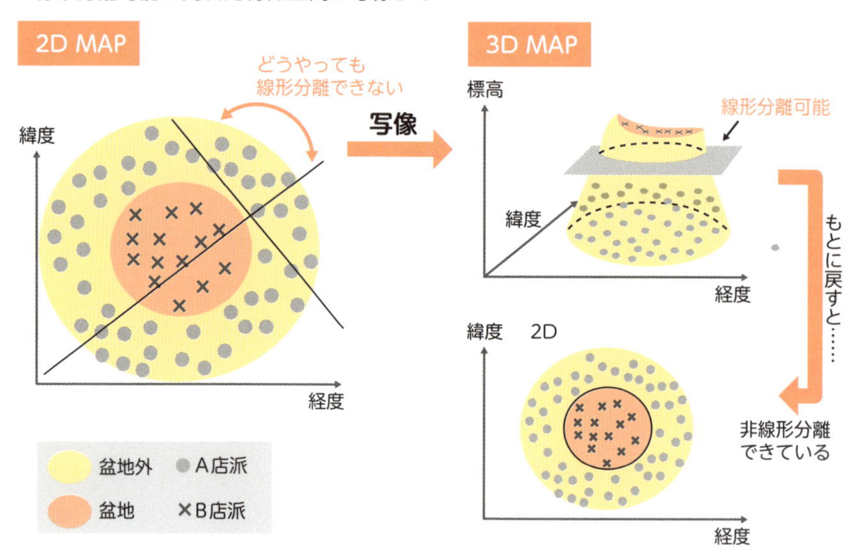

ここまで取り上げてきたSVMの長所は主に4つです。①特徴量が多い場合に有効であること、②特徴量の数がデータの数より多い場合でも有効であること、③境界となる直線・平面・超平面（二次元の平面をそれ以外の次元へ一般化すること）を引く際には、境界に近い点のみを考慮すればよいため、データが多い場合もメモリを節約できること、④さまざまなカーネル関数を使うことができるため、多様な出力結果を得られることが挙げられます。

短所としては次の3点です。①データの数が多いと計算時間が非常にかかること、②特徴量の数がデータの数より多い場合は、カーネル関数の選び方によっては過学習になること、③「その派閥に属する確率」を出すことが基本的にできないことが挙げられます。

SVMは分類のほか回帰に応用される場合があります。SVMを利用した回帰を**サポートベクトル回帰（SVR）**といいます。ソフトマージンSVMでは、マージンの最大化とペナルティの最小化を行いましたが、これを正則化最小二乗法を使った回帰に置き換えると、どうでしょう。マージン最大化は罰則項の最小化、ペナルティの最小化は誤差の最小化に相当します。SVRでは、マージン内の誤差はゼロと考え、それ以外のデータの誤差はマージンからの距離となるのが特徴です。さらに外れ値検出への応用として、正常値と異常値の境界をSVMによって決定するOne-Class SVMという手法もあります。

■ SVMの応用

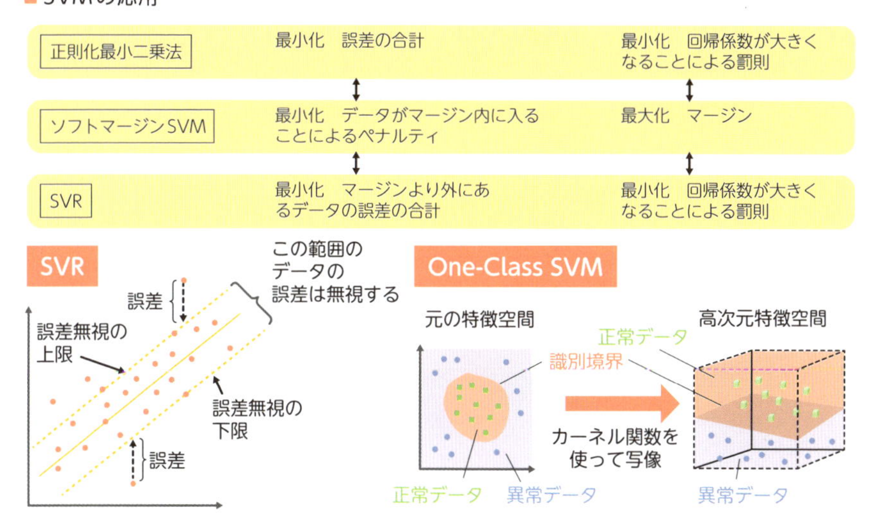

25 決定木

決定木は、YES or NOで答えられる条件によって予測を行う方法です。人間の思考プロセスに近い方法のため、結果がわかりやすいのが特徴です。

決定木とは

決定木において、条件となる部分を**ノード（節点）**といい、一番上の条件の部分を根ノード、決定木の分類を示している末節の部分を葉ノードといいます。決定木の一部で、それ自体も木になっているものを部分木といいます。

決定木は、特徴量の値そのものに対して条件を定義するため、いわゆる「カクカクした」結果が出ます。たとえば気温と湿度を特徴量として、快適か不快かを分類する決定木を作ることを考えましょう。気温が15度〜25度、湿度が40%〜60%のとき快適であり、それ以外が不快であるとすると、決定木と特徴量のグラフは右ページ上段の図のようになります。決定木は特徴量の値に対して条件を「YESかNOか」のみで定義するため、グラフでは特徴量を表す軸に垂直な直線しか引くことができません（斜めには引けない）。このため、学習結果は常にカクカクしてしまうのです。回帰についても同様に、カクカクした結果が出ます（右ページ中段の図）。

■ノード

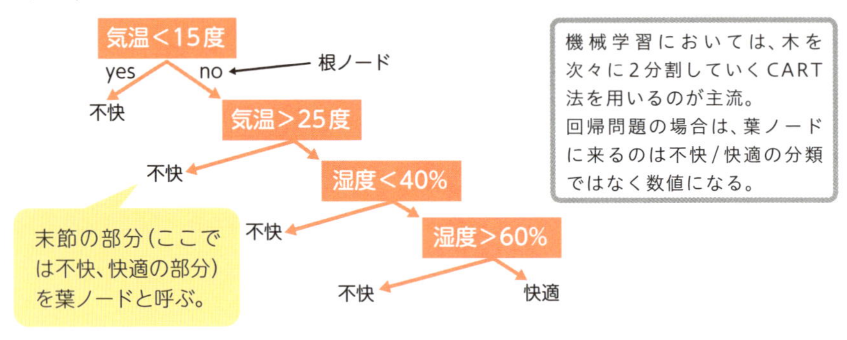

■「カクカク」した学習結果

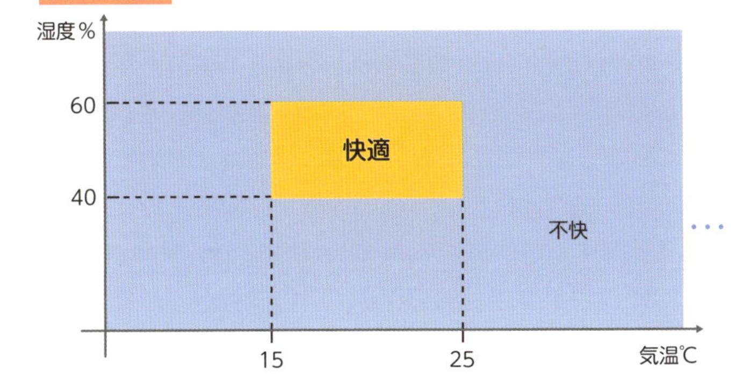

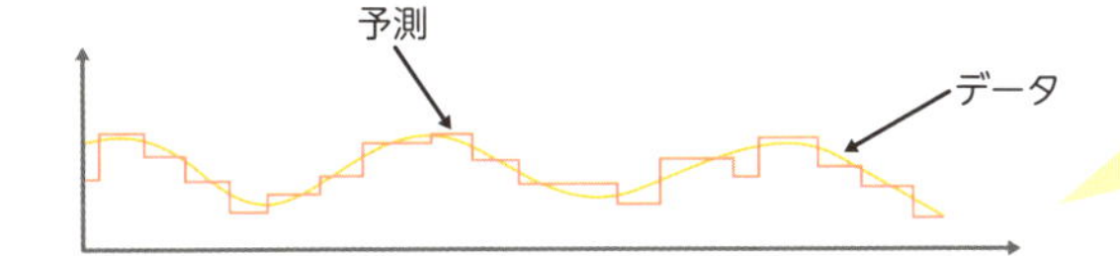

ここで、決定木の長所と短所についても、一通り確認しておきましょう。

■決定木の長所と短所

長所

・条件分岐の様子を書ける。
→学習結果の理解や解釈がしやすい。ディープラーニングのようにブラックボックス化しない。
・データの前処理が少なくてすむ。
・データ数が多くなっても、予測に必要な計算量が少なくてすむ。
→ビッグデータの処理に適している。
・数値データとカテゴリデータの両方を使うことができる。
・統計的検定を行えるため、予測モデルの信頼性をかんたんに確かめることができる。

短所

・データに対する条件分岐が複雑になりやすく、過学習しやすい。
→過学習を防ぐための工夫が必要。
・データが少し変わっただけで全く違った決定木を出力してしまう。
・もっともふさわしい決定木を出力する問題はNP完全と呼ばれ、解くのが非常に難しい。現在は近似解（よさそうな決定木）を出力している。
・データにおける派閥（クラス）の割合を均しておく必要がある。
※アンサンブル学習を用いると、決定木の欠点の多くを改善することができる。

決定木を分割する基準

決定木の学習は、「分割のきれいさ」に基づいてデータの分割をくり返します。「分割のきれいさ」を表す数値としては、情報エントロピーやジニ不純度が挙げられます。どちらも、大きくなるほど不純物が混じっており、小さくなる（0に近づく）ほどきれいに整理できていることを表します。なお、ジニ不純度は必ず1未満の値になります。

さて、ここからは具体例です。**148cm 157cm 158cm** 162cm **164cm 168cm** 172cm 176cm 180cm 184 cm（太字が女性、細字が男性）の身長を、ある値以下が女性、ある値以上が男性となるように分割したいとします。直感的に170cmあたりを基準にすればよさそうですね。

下の表では、「男女の身長とその分割位置」の列で148cmから184cmまでを、ある値を境にして2つに分割しています。ある値以下が女性グループ、以上が男性グループというイメージです。そのように分割してみたとき、左右の分割の指標（情報エントロピーとジニ不純度）がどれくらいになるのかも表しています。そして、その指標を加重平均したものを一番右の列に示しました。指標は0に近づくほどきれいな分割であるので、168cmまでを女性グループ、172cm以上を男性グループとして分割をするのが一番よいことがわかります。

■ 全データ数

左側の分割				男女の身長とその分割位置（太字が女性、細字が男性）										右側の分割				左右の指標の加重平均	
人数		指標												人数		指標			
男	女	情報エントロピー	ジニ不純度	**148**	**157**	**158**	162	**164**	**168**	172	176	180	184	男	女	情報エントロピー	ジニ不純度	情報エントロピー	ジニ不純度
5	5	1.000	0.500	分割前														1.000	0.500
0	1	0.000	0.000											5	4	0.991	0.494	0.892	0.444
0	2	0.000	0.000											5	3	0.954	0.469	0.764	0.375
0	3	0.000	0.000											5	2	0.863	0.408	0.604	0.286
1	3	0.811	0.375											4	2	0.918	0.444	0.875	0.417
1	4	0.722	0.320											4	1	0.722	0.320	0.722	0.320
1	5	0.650	0.278											4	0	0.000	0.000	0.390	0.167
2	5	0.863	0.408											3	0	0.000	0.000	0.604	0.286
3	5	0.954	0.469											2	0	0.000	0.000	0.764	0.375
4	5	0.991	0.494											1	0	0.000	0.000	0.892	0.444

剪定（枝刈り）

決定木の分岐を続けると葉ノードに入っている不純物は減っていくため、訓練データの分類精度はよくなります。ただし、過学習が起こりやすくなるので、決定木の分岐は「ほどほど」にする必要があります。とりわけ、特徴量の数が多い場合は分割数が多くなり、決定木が非常に複雑になる傾向にあります。過学習を防ぐ単純な方法としては、分割の深さを制限したり、分割に必要なデータ数の下限を定めたりすることが挙げられます。

剪定は、決定木の過学習防止に効果的な方法です。多く使われる事後剪定(post-pruning)では、訓練データを使って決定木を意図的に過学習させたのち、検証データを使って性能の悪い決定木の分岐を切り取ります。これにより、過学習を防いで予測能力を向上させることができます。単純な方法は**REP (reduced error pruning)**と呼ばれ、精度が悪化しないのであればノードをもっとも割合の高い派閥（クラス）の葉ノードに置き換えます。コスト複雑度枝刈り(cost-complexity pruning)では、部分木の葉ノードの数（複雑度）が大きくならないようにしつつ、葉ノードに入っている不純物（コスト）を減らしていきます。

■剪定

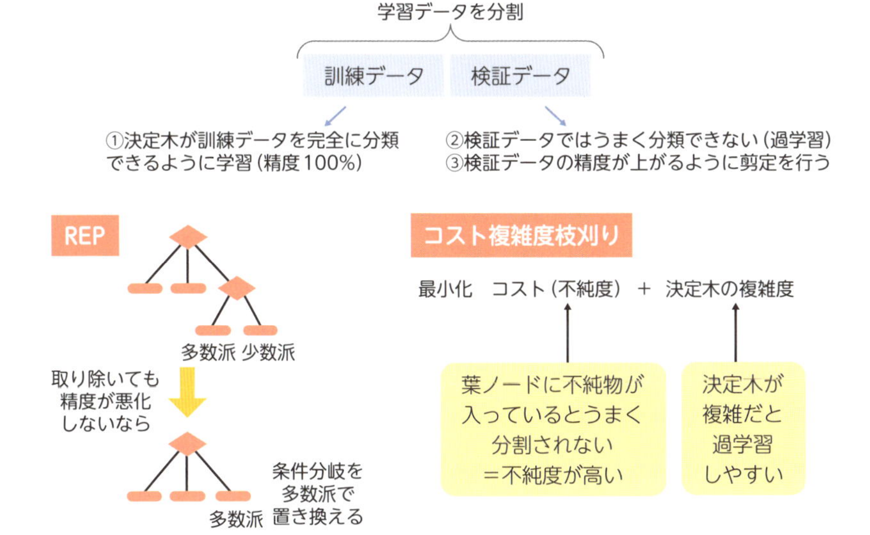

26 アンサンブル学習

アンサンブル学習とは、学習器を複数組み合わせて1つの学習モデルを生成する方法です。「三人集まれば文殊の知恵」を機械学習で実現する方法ともいえます。

アンサンブル学習

アンサンブル学習では、高精度のモデルを1つ作るのではありません。精度の低いモデルをたくさん作って合体させることで、高精度のモデルを作るのが目標です。精度の低いモデルは、一般的に**弱学習器**を使って学習を行います。弱学習器は複雑なモデルを学習させることができないものの、学習スピードが早いため、訓練や予測にかかる時間は少なく済みます。もっともよく使われる学習器は前のセクションで学んだ決定木ですが、アンサンブル学習においては決定木の分岐を早々に打ち切ってしまいます。学習した決定木の構造は、単体では不正確なものです。しかし、「当てずっぽうに予測するよりもマシ」な決定木でさえあれば、多く集めることで高い精度を実現できるのです。

■ アンサンブル学習

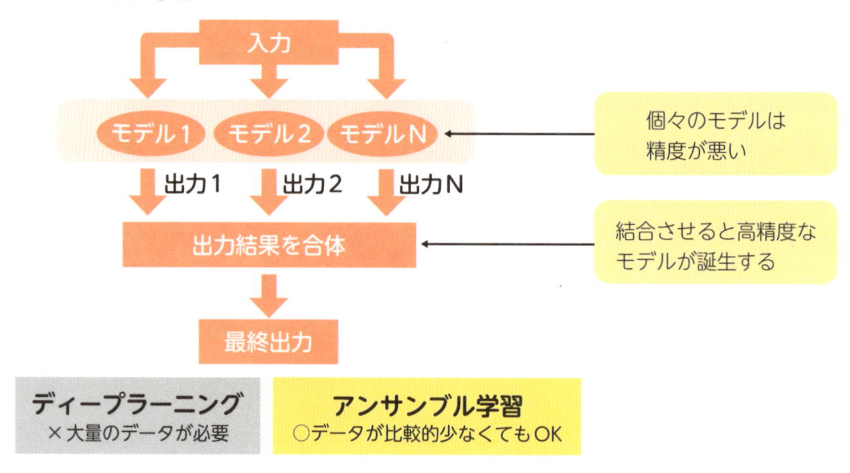

アンサンブル学習を実現する3つの方法

アンサンブル学習では、複数のモデルの予測結果をもとに最終的な予測結果を決めます。それでは、どのように最終的な予測結果を決めるのでしょうか。1つ目の方法は、「**多数決**」です。この方法は主に分類の場合に用いられ、一番多かった予測結果が最終的な予測結果となります。2つ目が「**平均**」です。回帰や、分類のための確率を計算する場合に使われます。予測結果を平均して最終的な予測結果とします。3つ目が「**加重平均**」で、「平均」の発展形と言えるでしょう。予測結果のうちどれが重要かをあらかじめ決めておき、その重要度に応じて平均していく方法です。下の例では、5人にレビューサイトにおける映画の評価値を予想してもらい、最終的に評価値の予想を出しています。多数決では4, 平均では4.4が最終評価予想となります。最後の表は加重平均です。AさんとBさんは大の映画ファンで、映画を評価する目に長けているためAとBの評価予想を比較的重要視することにした、という設定です。この場合、最終評価予想は4.41となりました。

■3つの手法

多数決

Aさん	Bさん	Cさん	Dさん	Eさん	最終評価予想
5	4	5	4	4	4

平均

Aさん	Bさん	Cさん	Dさん	Eさん	最終評価予想
5	4	5	4	4	4.4

加重平均

	Aさん	Bさん	Cさん	Dさん	Eさん	最終評価予想
重要度（重み）	0.23	0.23	0.18	0.18	0.18	
評価予想	5	4	5	4	4	4.41

バギング

アンサンブル学習には大きく分けて2つの手法があります。

1つ目は**バギング**（bagging, bootstrap aggregating）です。バギングでは、**ブートストラップ法**を使って全データから訓練データを複数組、生成します。ブートストラップ法とは、母集団から重複込みでランダムにデータを取り出す（復元抽出する）方法です。訓練データ1組1組に対してモデルを用意したうえで学習を行い、複数の予測結果を出して最終的な予測を行います。過学習モデルの予測結果にはノイズ（観察誤差など）の影響が含まれていますが、ランダムな抽出で訓練データを複数生成して学習すると、ノイズの影響の受け方が異なるモデルを作ることができるのです。また、複数の予測結果を使うことでノイズの影響を打ち消し、予測値のバリアンス（予測値がどれだけ散らばっているか）を減らす効果があります。バギングは複数のモデルを作った後に同時並行で学習を進めることができます。並列処理を行うことができれば、学習にかける時間は少なくてすみます。なお、復元抽出を行わない方法はペースティングと呼ばれます。

■ バギング

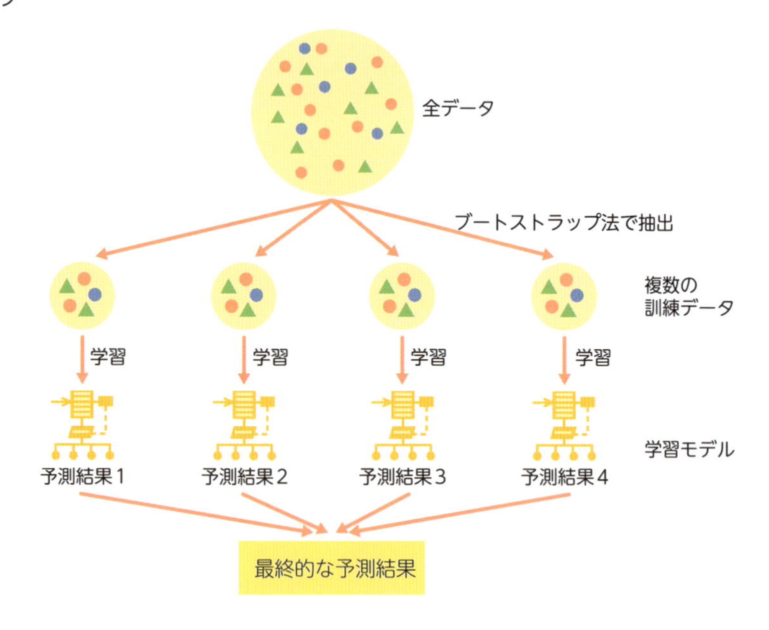

ブースティング

2つ目が**ブースティング（boosting）**です。ブースティング（ここではAdaBoostという手法を説明します）では、まず訓練データを1つめのモデルに学習させ、予測結果と実際の値を比較します。次のモデルを学習する際には、間違えた部分を正解できるように学習したデータを重視して学習を行います。前のモデルが間違って学習したデータを重視して次のモデルに学習させることをくり返し、次々にモデルを作っていきます。これら複数のモデルの予測結果を勘案することで、最終的な予測を行うのです。バギングではモデルごと別々に学習を行うため並列処理が可能でしたが、ブースティングはモデルの学習結果を次のモデルに活用するため並列処理が不可能です。そのため、学習時間は遅くなります。この解説で用いているAdaBoostは、2クラスの分類に用いられます。3クラス以上の分類を行う同様のテクニックは、SAMME（Stagewise Additive Modeling using a Multiclass Exponential loss function）と呼ばれます。

■ ブースティング

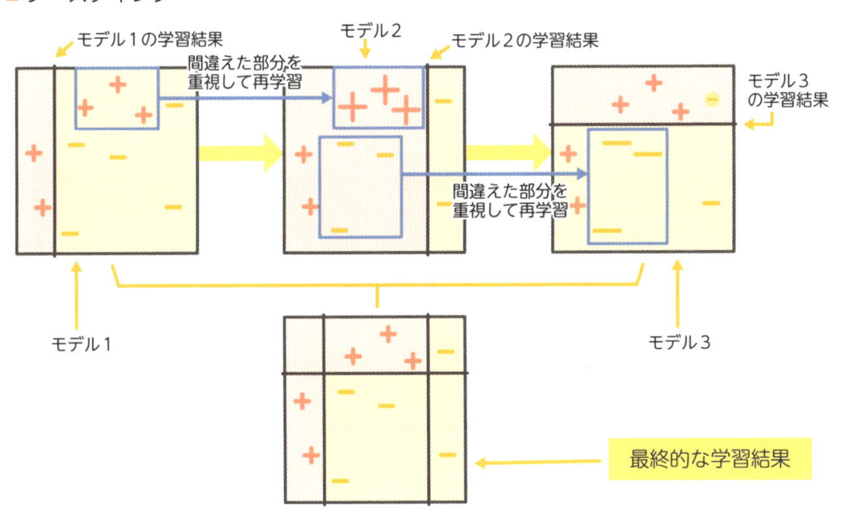

▶ アンサンブル学習には主にバギングとブースティングがある

27 アンサンブル学習の応用

前のセクションではアンサンブル学習のテクニックを紹介しました。ここでは、応用としてランダムフォレスト、スタッキング、勾配ブースティングを取り上げます。

ランダムフォレスト

まず**ランダムフォレスト**です。しくみは基本的にバギングと同じですが、異なる点が1つだけあります。それは、決定木を分岐させるときに使う特徴量もランダムに抽出することです。これは、それぞれの決定木の相関関係が生まれる（＝決定木が似る）のを防ぐためです。予測結果に強い影響を与える特徴量があった場合、その特徴量は多くの決定木で分岐に用いられます。すると、それによって多くの決定木が似通ってしまう可能性があり、予測精度の向上が見込めなくなるのです。また、決定木同士に相関関係があった場合、悪いモデルも同じ答えを出すようになってしまいます。多数決や平均を採用するアンサンブル学習では、悪いモデルが同じような答えを出すと都合が悪いのです。

■ ランダムフォレスト

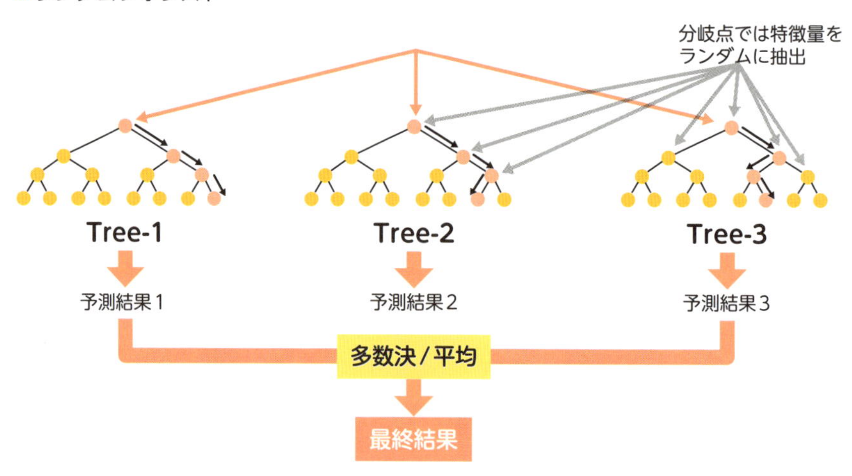

スタッキング

スタッキングでは、学習段階を2つ（以上）に分けます。1段階目はバギングと同じように、ブートストラップ法で得たデータを各モデル（例:ロジスティック回帰・ランダムフォレストなど）に学習させ、各モデルの予測結果を出します。次の2段階目の学習では、1段階目の予測結果を入力としてモデルを学習させます。3段階目以降がある場合も同様に、前の段階での予測結果を入力として学習します。2段階目以降のモデルは前の予測結果を学習するため、「前段階のモデルのうちどれが一番当たりそうか」ということを学習することになります。これによって、データの偏りであるバイアスとデータの散らばりであるバリアンスを上手に調節できます。スタッキングのしくみを身近な例で例えてみると、写真を見て複数人が絵を書き、複数人の絵をもとにしてさらに絵を書いていくという形のお絵かきリレーと言えるでしょう。

■スタッキング

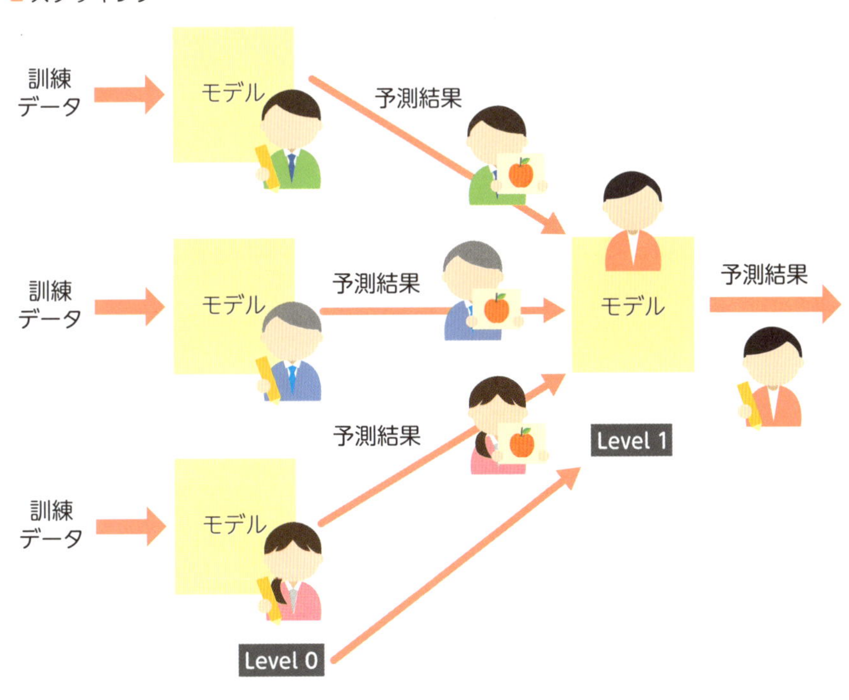

勾配ブースティング

勾配ブースティングでは、決定木を利用してまず1回目の予測を行います。次に、訓練セットの正解データと予測結果の差をとり、誤差（残差）を算出します。さらに、この誤差を正解データとして、決定木を使って2回目の予測を行います。予測結果と正解データの差を取り、それを正解データとして決定木を使って予測を行うという方法を何回もくり返します。最終的な予測結果は、1回目の予測結果にその後の予測結果を定数倍して足し合わせたものになります。この定数を何にするかによって学習結果が変わってくることには留意しなくてはなりません。

誤差を取ることによって、これまでのモデルの学習結果の良し悪しがわかります。誤差を修正するために、誤差を正解データとして新たな決定木に予測を行わせ、予測結果を定数倍して足し合わせます。これにより、新しいモデルが古いモデルの欠点の穴埋めをしています。

勾配ブースティングはバギングとは異なりバイアスを削減し、未学習の状態から学習を促進させます。これによって過学習になる可能性もありますが、決定木の数や深さを調節すれば過学習を防げます。

■ 勾配ブースティングと勾配降下法の比較

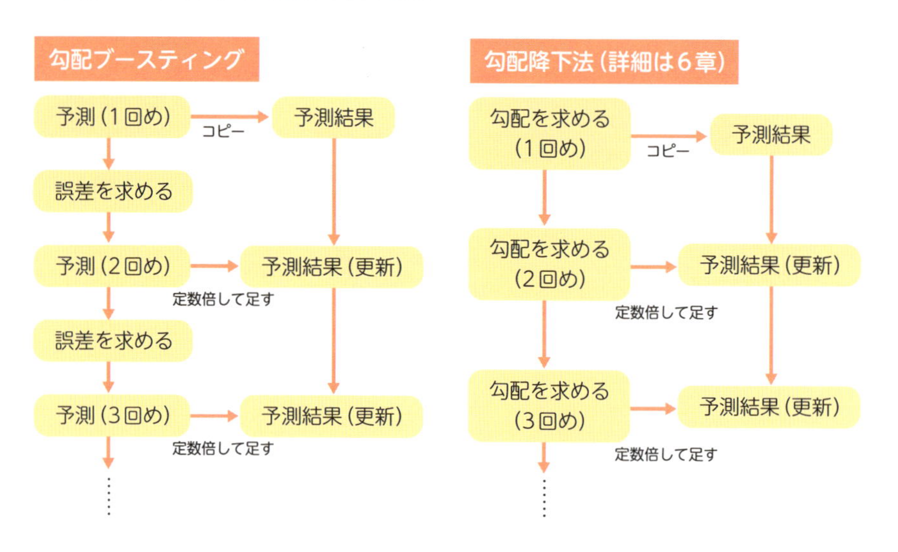

■ 勾配ブースティングのイメージ

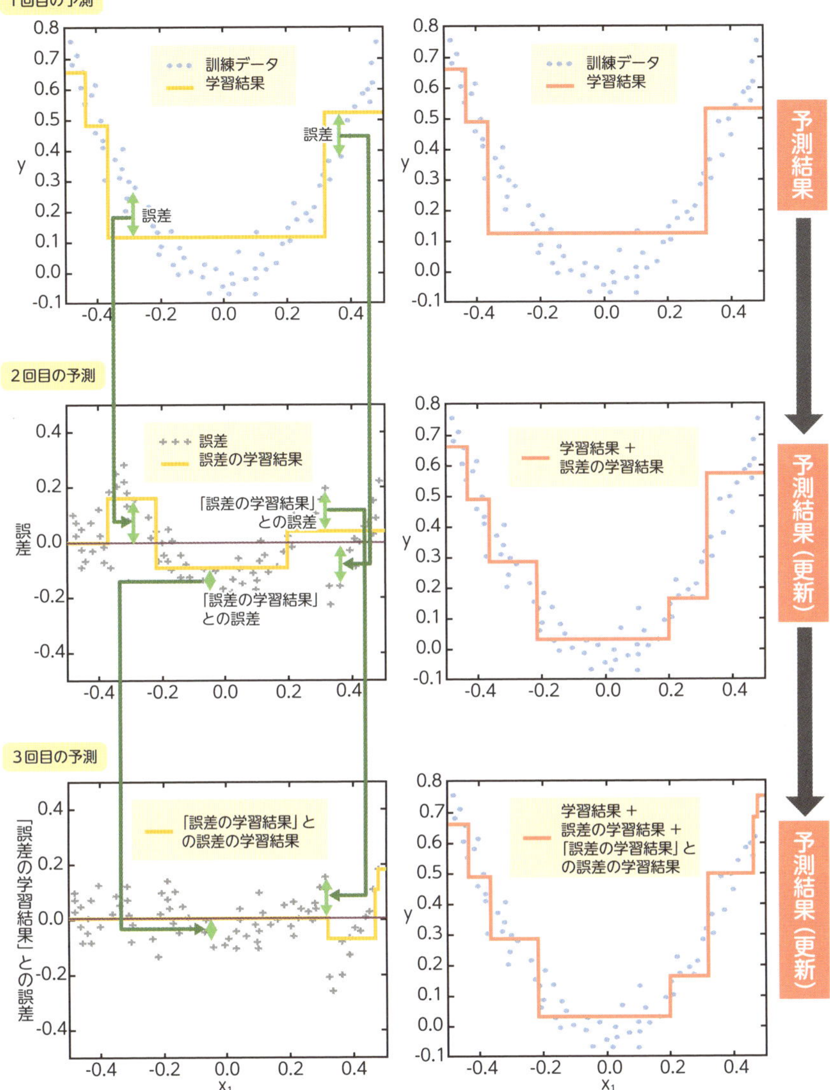

出典：Géron, Aurélien. "Hands on Machine Learning with scikit-learn and Tensorflow." (2017).

28 ロジスティック回帰

ロジスティック回帰は、「回帰」という言葉から何かしらの値の予測を行うと思われがちですが、主に分類に使われるアルゴリズムです。しくみはかんたんながら、Yes/Noの確率を計算するさまざまな場面で利用されています。

ロジスティック回帰は分類に利用される

ロジスティック回帰は教師あり学習の一種で、主に分類に利用されるアルゴリズムです。ロジスティック回帰を利用することで、ある顧客が商品を買うかどうかといった「Yes / No」を確率として計算し推測することができます。

実はロジスティック回帰では、Section23で紹介した「回帰分析」と同様に「ある式の最適な係数（回帰係数）」を求める計算を行います。このときに利用する式（関数）の違いが、単回帰・重回帰・多項式回帰・ロジスティック回帰といった回帰手法の違いとなります。ロジスティック回帰で利用する関数のことを**ロジスティック関数（シグモイド関数）**といいます。ロジスティック関数は右ページの図のように、最小が0で最大が1となるようなS字曲線の関数です。なお説明変数が複数の場合にもロジスティック回帰を利用できますが、ここではもっともわかりやすい、説明変数が1つの場合を例に解説します。

例として「ある人が風邪であるか」を機械学習で判別するとします。一般に風邪を引くと体温が上がるため、体温を説明変数として判別しましょう。風邪の人と健康な人の体温のデータを収集しグラフにプロットすると、右図の●と●のように描くことができます。求めたいのは「ある体温の人間が何パーセントの確率で風邪なのか」ですが、実際に取得できるデータは「風邪かそうでないか」という2択となるため、データ点の高さ（確率）は0(=0%)と1(=100%)に集中します。このようなデータを単回帰や重回帰で説明することは難しいため、確率データを説明できる関数であるロジスティック回帰を利用するのです。回帰分析と同様、データに対して誤差関数が小さくなるようなロジスティック関数の回帰係数を求めることで学習を行います。

■ 線形回帰とロジスティック回帰

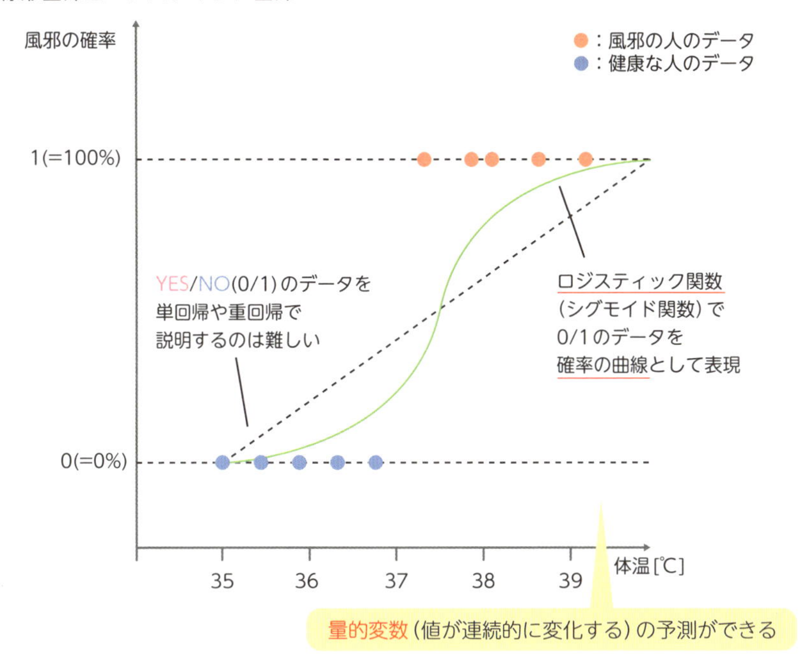

学習で得たロジスティック関数から、新たなデータを分類する方法はかんたんです。たとえば体温が37℃の人が風邪である確率を知りたい場合、ロジスティック関数の入力を37℃として計算することで、風邪の確率が0.4(40%)であるといったように計算されます。このようにロジスティック回帰はとてもわかりやすいアルゴリズムですが、非線形なデータに弱いといった欠点もあります。たとえば風邪の例でいうと、風邪を引くと反対に体温が下がる人もいます。そのようなデータは風邪の人と健康な人のデータが入り組んだような形になってしまうため、ロジスティック関数でうまく説明することができません。

▶ ロジスティック回帰はYESかNOかの確率を計算する

29 ベイジアンモデル

ベイジアンモデルでは、ベイズ推定という手法を用います。これまでの手法とは異なり、ベイズ推定を使うことによって、不確実性を考慮した予測を行うことができます。

最尤推定とベイズ推定の違い

ここまで説明してきた手法は、**最尤推定**という手法がベースです。最尤推定とは、推定結果として「最も尤(もっと)もらしい」値を求める方法です。つまり「一番ふさわしい」値を求める方法です。回帰分析の単回帰では、おもりの重さ(x)とバネの長さ(y)のデータ点に「一番沿っている」直線を求めました。その直線は数式y = ○x + △ で表すことができるため、「一番沿っている」直線を1つ求めることは、「一番ふさわしい」○と△の値を求めることにほかなりません。

しかし、「一番ふさわしい」値だけを求めることは「その値がどれだけふさわしいのか」、「他の値はどれだけふさわしいのか」といった情報を捨てていることも意味します。単回帰は直線を引くことであるため、データが2個あれば「一番ふさわしい」○と△の値を求められます。データが少ないほど分析は信頼できなくなる（ふさわしくなくなる）ことは直感でわかりますが、最尤推定ではデータが2個のときも1000個のときも○と△の値が出力されるだけで、「その値がどれだけふさわしいのか」がわからないのです。

これを解消するのが、**ベイズ推定**です。ベイズ推定では、推定結果を「値」と「その値が推定結果である確率」のペア（分布と呼びます）で表します。これにより、値がどれだけふさわしいのかがわかります。さらに、「値がどれくらいになりそうか」という予想（**事前分布**）をあらかじめ立てておき、新しいデータを見て、事前分布を修正するという手続き（**ベイズ更新**）を踏みます。修正後の分布は**事後分布**といいます。予想はデータに基づかない主観的なものでもよいため、推定にデータ以外の知識を反映できるようになります。

■ ベイズ推定

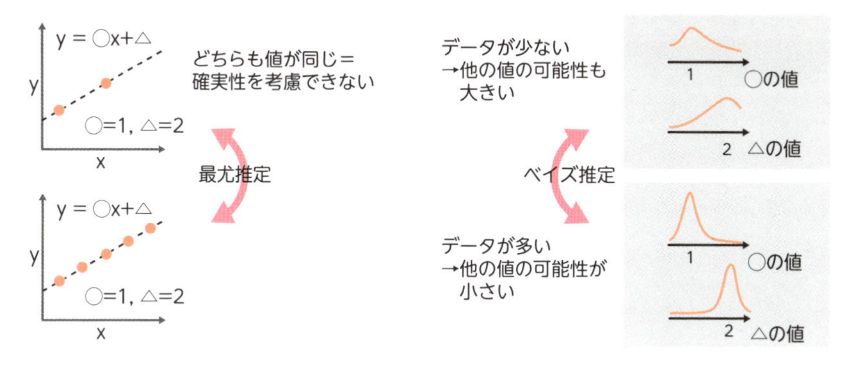

ベイズの定理

ベイズ更新に使われるのが、**ベイズの定理**で、これは結果から原因を求める手法です。例として迷惑メールの判別を考えます。迷惑メールだとメール文中に「無料」という単語が多くなると考えられます。すなわち、迷惑メールであることが原因となって「無料」という単語が多くなる結果が導かれるのです。ここで、「無料」という単語が含まれるメールが迷惑メールである確率を求めます（結果→原因）。これまでの経験により、メール全体の75%が正常メール・25%が迷惑メールであることがわかっているとします。また、正常メールの中で「無料」を含む確率が10%, 迷惑メールの中で「無料」を含む確率が80% だったとします。このとき、「無料」という単語が含まれるメールが迷惑メールである確率は0.2÷0.275=72.7%となり、結果から原因とその確率を求められました。

■ ベイズの定理

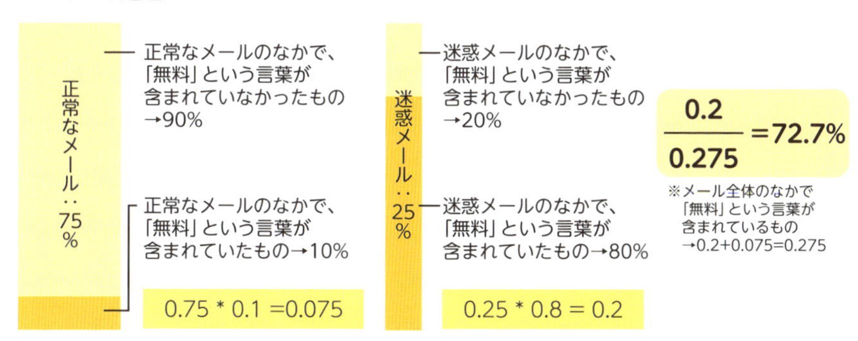

機械学習におけるベイジアンモデル

機械学習には、①**ツールボックスによるアプローチ**②**モデリングによるアプローチ**の2つがあります。これまでに学んだ回帰分析・サポートベクターマシン・決定木や、これから学ぶK-近傍法（Section31）・ランダムフォレスト（Seciton 27）などの機械学習アルゴリズムは①に分類されます。①の大きな特徴は、これらのアルゴリズムが「何らかのデータに特化して設計されているのではない」ということです。あくまでデータを学習させて予測結果を求めることに関心があるため、「データがどのように発生しているのか」について考える必要がありません。このアプローチを使うと、高度な数学の知識がなくてもかんたんなプログラムだけでデータの学習と予測を行うことができます。

一方、ベイジアンモデルは②に分類されます。このアプローチでは「データがどのように発生しているのか」というデータの発生構造（モデル）の候補をあらかじめ設計しておき、データを使ってそのモデルを推定します。そして、推定したモデルをもとに予測を行うのです。②では、対象とするデータに応じて考えるべきモデルを拡張したり組み合わせたりします。つまりデータの予測結果だけではなく、モデルにも関心があるわけです。このアプローチでは目的に合ったモデルを考えていくため、①よりも原理的に達成される性能は高くなります。

■ ツールボックスによるアプローチとモデリングによるアプローチ

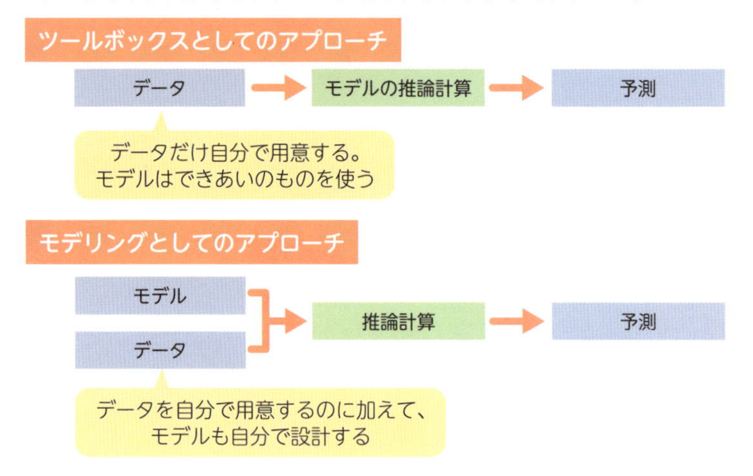

ベイジアンモデリングでは高度な数学の知識が必要とされますが、①のようにたくさんのアルゴリズムはなく、比較的統一された方法で分析を進めることができます。さらに、ベイズ推定を用いるために、出力された値がどれだけふさわしいのか（あるいはふさわしくないのか）についての情報が得られます。これにより不確実性を考慮した予測を行うことができるとともに、過学習を防ぐことができます。ベイズ推定では事前分布を使うために、データ以外の知見を取り入れることができるのもメリットです。

一方で、ベイジアンモデリングでは特定の目的に合った設計を行う必要があるために、高度な数学知識（特に確率・統計）が不可欠です。また、複雑な設計を行うと学習にMCMC（マルコフ連鎖モンテカルロ）法とよばれるシミュレーションを行う必要が出てきます。この計算方法は複雑で時間がかかるのもデメリットです。

確率的プログラミング言語

ベイジアンモデルでは、①モデルの設計、②データの学習→モデルの推定、③予測という3つの工程があります。どのようなモデルを設計するかがもっとも重要なのですが、②の工程は計算が複雑になるため面倒です。そこで、①モデルの設計に集中するための**確率的プログラミング言語**が用意されています。これを使うと、モデルを設計してデータを用意するだけで、データの学習からモデルの推定・予測までを行ってくれるようになります。

まとめ

- ベイズ推定では、不確実性を考慮することができる
- ベイジアンモデルでは、予測だけでなくデータの発生構造にも関心がある
- 確率的プログラミング言語を用いると、推定がかんたんになる

アプローチの分け方や説明の論旨は、「ベイズ推論による機械学習入門」（著・須山敦志、講談社サイエンティフィク）を特に参照した。

30 時系列分析と状態空間モデル

状態空間モデルは、時間で変化していく（時系列）データなどの解析や予想を行う「時系列分析」に利用される統計・機械学習モデルです。状態モデルと観測モデルという２つのモデルを組み合わせたモデルで、幅広い分野で利用されています。

時系列分析とは

状態空間モデルの前に、「時系列分析」とは何であるかを知っておきましょう。時系列分析とはその名の通り、時間ごとに取得されたデータ（時系列データ）を何らかのモデル（時系列モデル）にあてはめて説明することを指します。時間ごとに取得されたデータは、それぞれのデータ間に何かしらの関係性があります。例えば様々なりんごの品種の甘さを計測したデータがあるとします。これは時系列データではないため、例えば下のグラフのように品種1から品種5まで直線的に甘さが増加していたとしても偶然であり、これを元に計測し忘れた品種3の甘さを予測することはできません。このような性質のことを、「独立」であるといいます。

■ 時系列ではないデータ

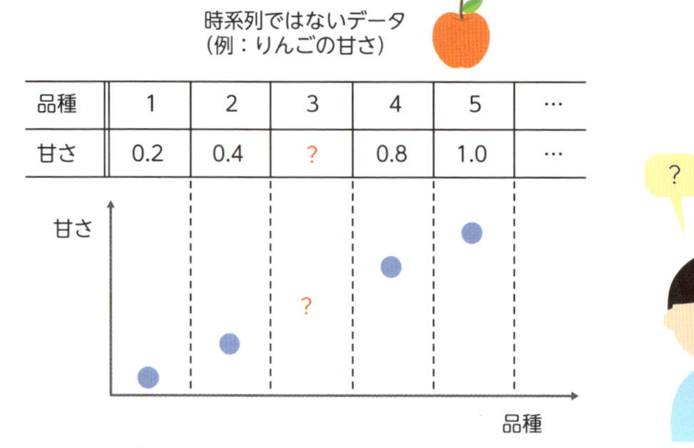

品種	1	2	3	4	5	…
甘さ	0.2	0.4	?	0.8	1.0	…

しかしこれがある街のツバメの観測数だったらどうでしょう。去年2羽しかいなかったのに今年いきなり100羽になることはまずありません。つまりある年のツバメの数はそれ以前のツバメの数に少なからず影響を受けているといえます。このような性質のことを**「自己相関」がある**といいます。

このようなデータを直線などのモデルで表す手法には、Section23で説明した回帰分析もあります。この回帰分析と時系列分析の違いは、当てはめるデータが独立かどうか、自己相関があるかどうかです。実は回帰分析はデータ同士が独立であるデータにしか利用できません。独立でなく自己相関があるデータに回帰分析を行うと、Section21で説明した疑似相関などの問題が生じる可能性があります。

時系列モデルには、自己相関のあるデータをうまく説明するしくみがあるため、時系列データの分析には時系列モデルを利用しましょう。

■ 時系列データ

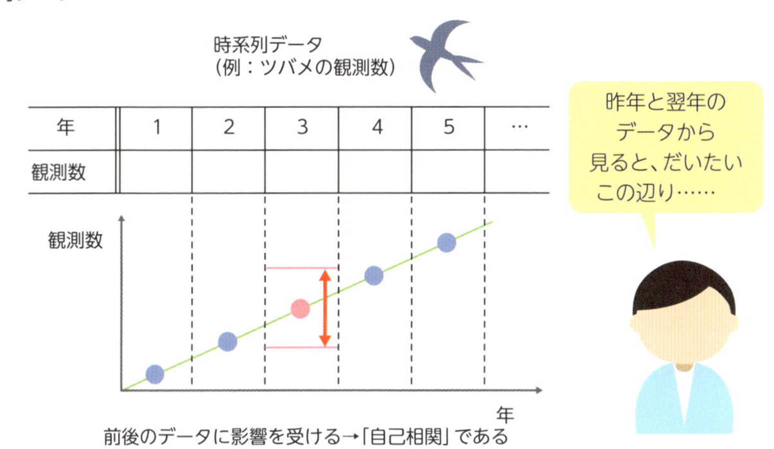

基本の時系列モデル

時系列モデルには、基本的な自己回帰（AR）モデル、移動平均（MA）モデルやこれらを組み合わせたARMAモデルなど様々な種類がありますが、基本的には「今の値は少し前の値と似ているはず」という考え方でモデルを設計します。ここでは基本的な時系列モデルがどのような意図で設計されているのかに注目し、違いを下図にまとめます。ARモデルやMAモデルは考え方の基本となるモデルですが、たとえばARモデルにはデータの制約として「定常性」などの統計的な条件があるといった制約があり、実際にはあまり利用されていません。実際にはこれらをまとめたARMAモデルを土台にして、現実のデータに対応するため様々な工夫をこらしたARIMAモデルやSARIMAモデルが利用されています。

モデル	特徴
自己回帰（AR）	最も基本的な時系列モデルです。数式は、回帰分析の「単回帰」「重回帰」とほぼ同様ですが、回帰分析とは異なり、「自分自身（→自己）」の過去の値を利用して回帰をおこないます（→自己回帰）。実際にはあまり利用されません。
移動平均（MA）	その名の通り、過去の値を利用した移動平均によって未来の値を予測します。実際にはあまり利用されません。
自己回帰移動平均（ARMA）	ARモデルとMAモデルの式を足し合わせたモデルです。これら2つのモデルを足し合わせることにより、より現実に則したモデルです。
自己回帰和分移動平均（ARIMA）	現実のデータには、上昇傾向や下降傾向などの「トレンド」が見られる場合があります。ARMAモデルではトレンドのあるデータを予測することが難しいため、データの差分をとる操作（階差）を行ってトレンドに対応したモデルです。
季節自己回帰和分移動平均（SARIMA）	現実のデータには、週月年ごとに周期的に値が変動（季節変動）するものが多くみられます。データから季節変動による変化を差し引く処理をおこない、これに対応したモデルです。

状態空間モデルは、観測の裏に隠れた「状態」を考える

時系列モデルには、基本的な自己回帰（AR）モデル、移動平均（MA）モデルやこれらを組み合わせたARMAモデルなどの種類がありますが、基本的に「今の値は少し前の値と似ているはず」という考え方でモデルを設計します。状態空間モデルも時系列モデルのひとつですが、ほかとの大きな違いは、「観測されるのは本当の状態ではない」として取得したデータを説明する「観測モデル」と、その裏に隠れた本当の状態を説明する「状態モデル」の２つを組み合わせたモデルである点です。たとえばツバメのような生物の生息数を計測する場合、一般的に観測員がその街を回って発見した個体数を計測します。このとき、本当のツバメの生息数は観測員が発見した個体数ちょうどであるとは限りません。観測員がベテランか新人かでも観測精度が変化しますし、天気が悪ければ街中にそもそもツバメが出ないかもしれません。このように、本当のツバメの生息数から観測数が外れている幅のことを「**観測誤差**」といいます。

■ 観測の裏に隠れた条件

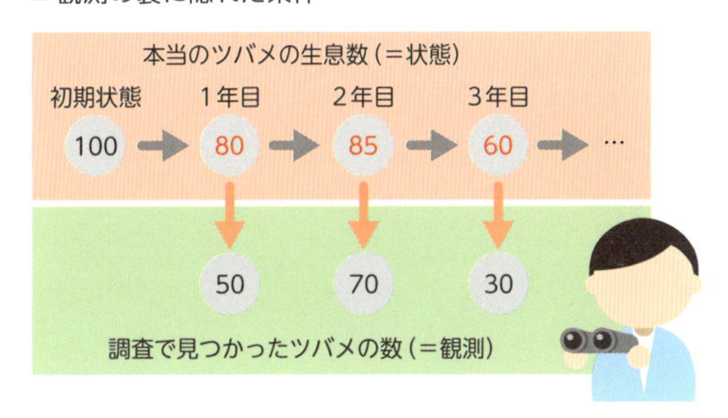

観測条件
（観測者の力量や観測日の天気などによる観測誤差が生じる

→状態モデルと観測モデルを組み合わせてモデル化

まとめ

- 時系列分析では、時間ごとのデータを時系列モデルにあてはめて説明する
- 時系列モデルは「今の値は少し前の値と似ているはず」を数式化したもの

31 k近傍(k-NN)法とk平均(k-means)法

これら2つのアルゴリズムは名称が似ているため、エンジニアの中でも混同されがちです。どちらもある値kを設定して利用するため似た名前となっていますが、中身や目的も含めてまったく異なるアルゴリズムです。

k近傍法はデータを多数決で分類する

両者の違いとは、**k近傍法**が主に分類に利用される教師あり学習のアルゴリズムであり、**k平均法**が主にクラスタリングに利用される教師なし学習のアルゴリズムであるところです。

そのうち、k近傍法はもっとも単純な機械学習アルゴリズムの1つであると言われています。そこでまずは、りんごとなしを見分けるケースを例に、k近傍法の処理の流れを見ていきましょう。

①学習データをベクトル化する

k近傍法ではデータを比較する際にデータ同士の類似度を計算するため、各データの情報をベクトルとして表現します。学習データとしてりんごとなしの「赤さ」「甘さ」を数値化した値を下図のようなベクトルのリストにまとめます。

■k近傍法はデータを多数決で分類する

データ	赤さ	甘さ
りんご1	9	7
りんご2	10	5
なし1	3	6
なし2	1	4
:	:	:

②分類したいデータと学習データとの類似度を計算する

次に分類したいデータとすべての学習データとの類似度を計算します。類似度にはさまざまな指標が用いられますが、よく使われるものに「ユークリッド距離」があります。ユークリッド距離は、私たちがいわゆる「距離」と言われ思い浮かべるであろう距離のことで、三平方の定理を利用して算出することができます。

■k近傍法の考え方

データ同士の類似度の考え方

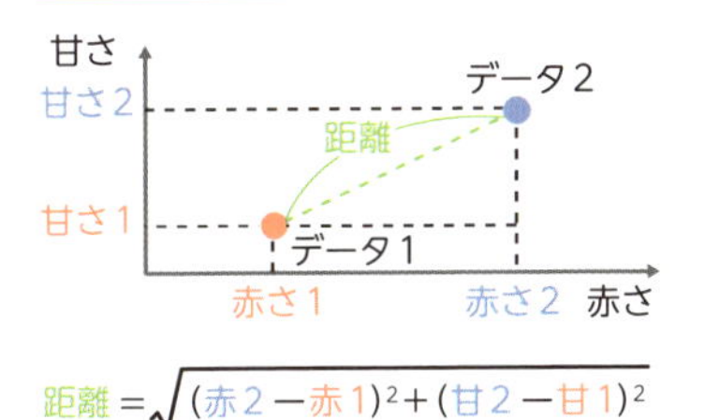

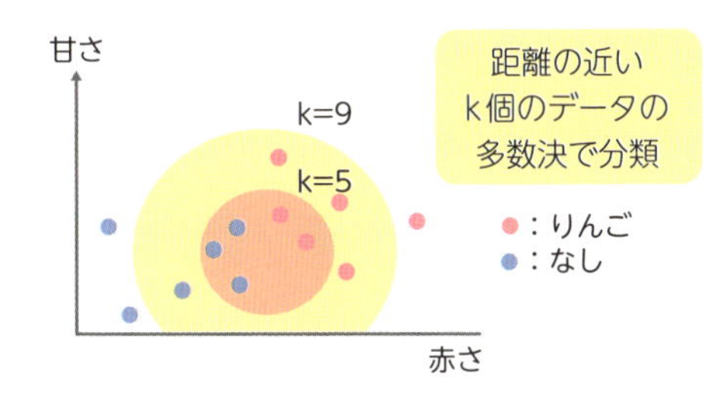

③類似度の高いデータをk個取り出し多数決で分類する

続いて、分類したいデータと類似度の高いデータを順にk個、取り出します。この操作は、それぞれのデータをグラフにプロットした際に、分類したいデータを中心に円を描くようにするとわかりやすくなります。たとえばk=5であれば、円の中に学習データの点が5個入るように円を描く、ということです。その後、この円の中でもっとも多いラベルを、分類したいデータのラベルとして出力します。

④最も性能のよいkを調べる

k近傍法で重要なところは、このkの選び方によってアルゴリズムの性能が変わるということです。たとえばこの例においては、k=5とした場合には「りんご：なし＝2：3」となり「なし」と分類されますが、k=9とした場合には「りんご：なし＝5：4」となり「りんご」と分類されることになります。もっとも性能のよいkを決定するためには、他の機械学習と同様に、すべてのデータを学習データとテストデータに分けて性能を検証して比較します。

なお、一般にkが大きいほどデータのノイズ（ぶれ）による性能の低下を抑えられますが、その分たくさんのデータが計算に入ってしまうため、クラス間の違いが明確にわからなくなる傾向があります。

k平均法はデータをk個のまとまり（クラスタ）に分ける

ここからは、k平均法の処理の流れを解説していきます。k近傍法が教師あり学習であったのに対し、k平均法は教師なし学習であるため、データのラベルが既知である必要はありません。先ほどのりんごとなしに、トマトを加えた3つをクラスタに分けるアルゴリズムを例に見ていきましょう。

■k平均法

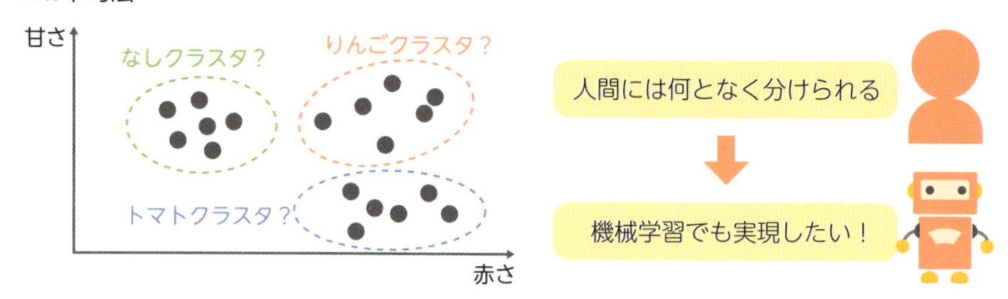

k平均法でもk近傍法と同様に、データを比較する際、データ同士の類似度を計算するため各データの情報をベクトル化してリストにまとめておきます。

①データをランダムにk個のクラスタに分けてみる

まずはじめに、データをランダムにk個のクラスタに分けてみます。ランダムに分けるというのは、サイコロを振って1ならクラスタ1、2ならクラスタ2といったようにまったくのデタラメに分けるといった操作でかまいません。このような適当な分け方をするため、分けた結果も当然、右ページ下図①のように、まったく分かれているようには見えません。

なお教師あり学習とは異なり、データがいくつのクラスタから構成されているかがわからないため、実際にはkの設定にも工夫が必要となります。ここではなんとなく3つのクラスタに分けられそうだと判断し、クラスタ数を3として進めます。

②重心を求める

次に、先ほど分けた各クラスタごとにそのクラスタのデータ全体の重心を求めます。この処理によってクラスタの数だけ重心が求まります。

③最も近い重心のクラスタに分け直す

重心が求まったら、ランダムに分けたデータを再度、分け直します。今度はランダムに分けるのではなく、k個の重心のうち、最も距離の近い重心のクラスタに、各データの点を振り分けます。

④新たな重心を求める

③で分け直すことにより、②と同様に重心を求めると各クラスタの重心の位置が移動します。ここで求めた重心は、各クラスタのデータの中心に寄っていくように移動しています。

⑤動かなくなるまでくり返す

③と④を重心が動かなくなるまでくり返します。最終的には下図⑤のように、近いデータ同士が同じクラスタになるように分かれます。なお、k平均法には最初のランダムな振り分け方によって結果が変化する性質（初期値依存性）があるため、①～⑤を何度かくり返し、もっともよいクラスタとなった結果を採用するなどの工夫が必要となります。

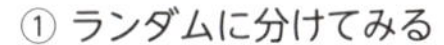
■ k平均法の手順

① ランダムに分けてみる

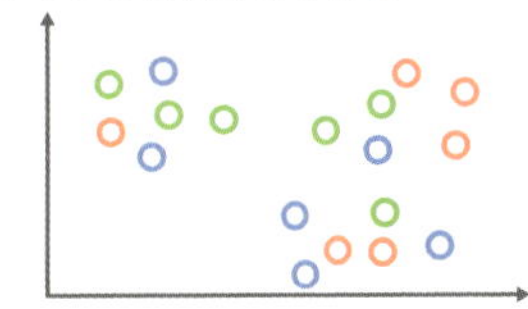

② 重心を求める

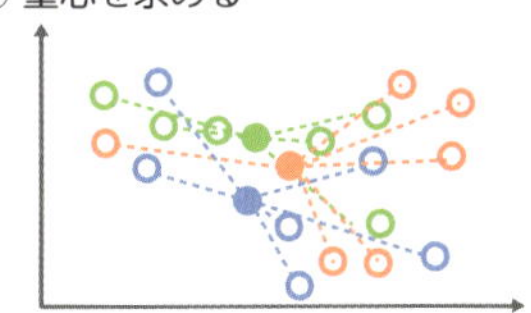

③ もっとも近い重心のクラスタに分け直す

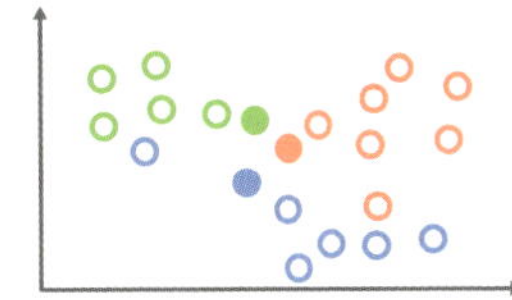

④ 新たな重心を求める

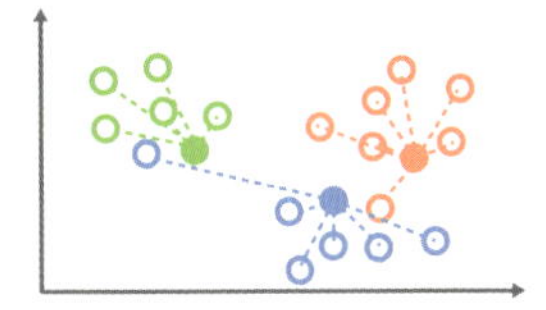

⑤ ③と④をくり返し、重心が動かなくなったら終了

32 次元削減と主成分分析

次元削減は教師なし学習の一種で、「データの要約」ができます。特に大量のデータに対する前処理として、機械学習に欠かすことのできない手法です。

次元削減とはデータの「要約」

次元削減はその名の通り、データの次元数を減らす処理のことを指します。ここでいうデータの次元とは、たとえば学生の成績データがあった場合の国語の点数、数学の点数、英語の点数……といったデータの項目数のことです。下図は例として、学生の国語と数学の点数をグラフにプロットしたものです。このグラフから考えると、国語と数学の点数には、どちらかが大きくなればもう片方も大きくなるような相関関係があるように見えます。ここでこの相関の方向に直線を引くことを考えましょう。この直線にそれぞれの点を「落とし込む」ように書き写すと、下の図のように先ほどの2次元のデータが1つの直線の上に1次元のデータとして表せるようになります。そしてこの1次元のデータは2次元の「国語の点数」「数学の点数」の情報を1次元の「学力」という指標で表現したことになります。このようにデータの情報をなるべく保ったままより少ない次元のデータに置き換えることを「次元削減」というのです。なお次元削減にはこの「直線の引き方」によっていくつかの手法があります。このSectionではじめに次元削減のメリットを紹介したのち、代表的な手法の考え方について説明します。

■次元削減

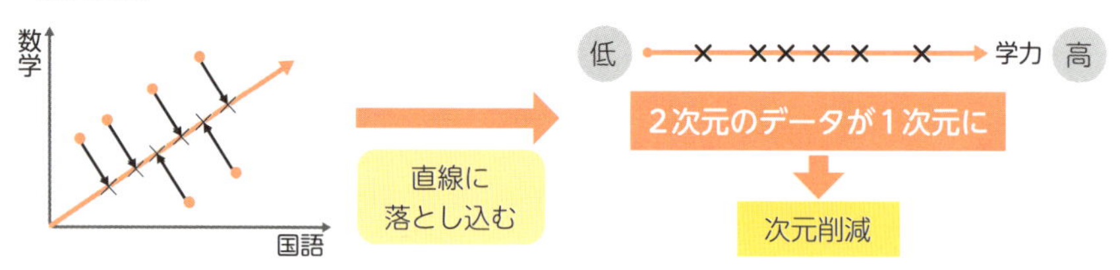

「次元の呪い」を回避する

1つ目のメリットは、「**次元の呪い**」を回避できることです。普通に考えるとデータの次元数は多ければ多いほうがデータの特徴がよくわかるように思われますが、機械学習においては次元数が大きすぎる場合にこの「次元の呪い」という現象が問題となってきます。次元の呪いとは一言でいうと、「多すぎるポイントで見比べるとかえって違いが分からなくなる」ことであるといえます。例えば「引っ越しする物件を決める」場合には家賃や部屋の大きさなどを比較することになりますが、ここで他の要素までどんどん考慮に入れてしまうと、かえってどの物件が一番よいのかを比べにくくなってしまいます。実際には感覚的な話だけではなく数学的にもデータ同士の違い（＝距離）に差がつかなくなってしまうため、アルゴリズムの性能に大きな影響をおよぼします。次元の呪いが問題となった場合には、次元削減の適用を考えてみましょう。

次元削減でデータを圧縮する

2つ目のメリットは、データを圧縮できるということです。大きな次元のデータを少ない次元のデータで置き換えることは、単純にデータ量を圧縮することであると言えます。国語・数学の点数の例では2次元のデータでしたが、機械学習で取り扱うデータの中には数十万、数百万次元のデータも多く存在します。そのような膨大な量のデータに対して次元削減をおこなうことで、処理にかかる計算量を大幅に減らしより早く計算が行えるようになるのです。

■ 次元削減はデータの圧縮

	国語	数学
Aさん	60	50
Bさん	80	40
⋮	⋮	⋮

圧縮 →

	学力
Aさん	4
Bさん	5
⋮	⋮

次元削減でデータを可視化する

3つ目のメリットは、高次元のデータをわかりやすいように可視化できるということです。先ほどの例でいえば、学生の成績データには国語や算数以外の教科のデータもあることでしょう。このとき「このデータの特徴はなんですか」と聞かれた場合、端的に表現することはとても難しいことでしょう。一般に人間が直感的に理解できる情報はせいぜい3次元までであり、4次元以上の情報をまとめて表現することはできません。次元削減はこういった次元数が大きく人間が把握しづらいデータを扱うケースにおいて、データ量を減らすことでデータを可視化し、端的に表現できるようにすることができるのです。

高次元のデータを可視化できるというメリットについて、具体的な例から見ていきましょう。たとえば、学生の成績データを次元削減により2次元のデータに置き換えるとします。すると、今までは数字の塊でしかなかったデータをこの図のように1つのグラフに表すことができます。とはいえ、次元削減を行った段階では、それぞれのデータの項目がどういう意味を持っているか分かりませんが、可視化したグラフの形から「このグループは理系のグループっぽいな」「このグループは文系かな」といったデータの特徴を見つけ出したうえで、最終的に「横軸は理系度、縦軸は文系度を表している」と、データ全体を端的に表現できるようになるのです。

■ データの可視化

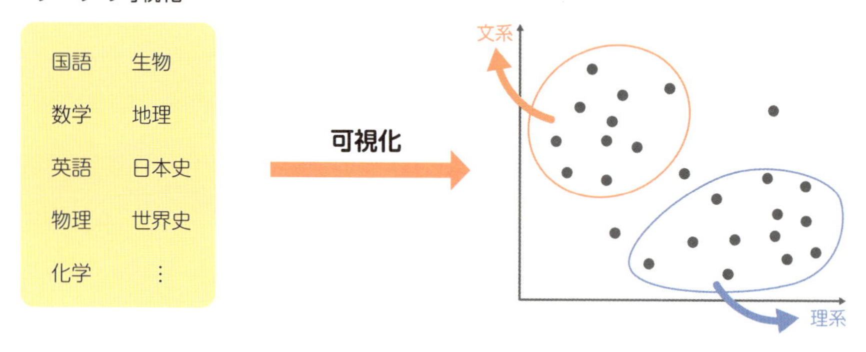

主成分分析とは

次元削減で何ができるのかについて触れてきましたが、ここからは次元削減の手法を解説します。

次元削減は「あるデータを別の軸に落とし込む」操作であると説明しましたが、次元削減の手法はこの「落とし込む軸」の選び方でいくつかの種類があります。次元削減ではデータ量を削減しているため、当然データの本来持っていた情報の一部は失われています。この失われる情報の量のことを**情報損失量**といいます。情報損失量は、データを軸に落とし込んだ際に「落下する高さ」をイメージするとわかりやすいかもしれません。本来、軸からの高さとして持っていた情報を、軸に落とすことでそぎ落としているため、次元削減ではなるべく情報損失量が大きくならないよう、この「落下する高さ」がなるべく低くなるような軸を考えていくことになります。

■ 主成分分析

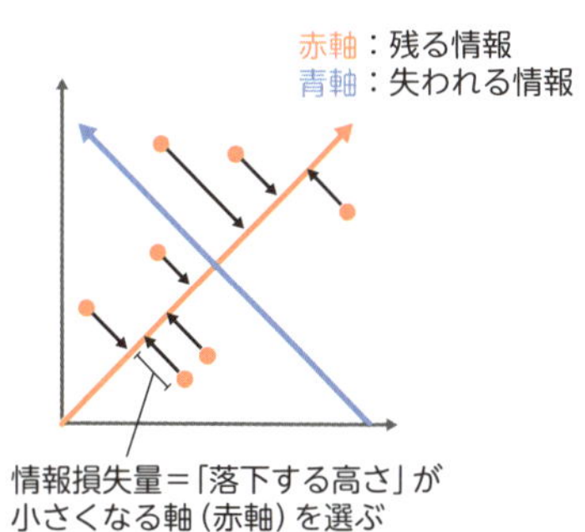

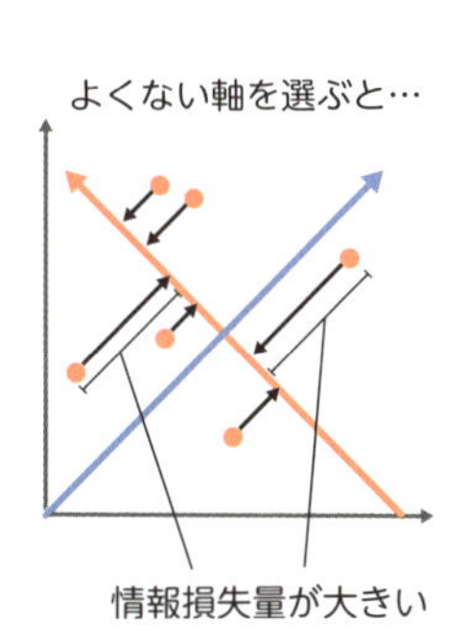

そのような次元削減の手法としてもっとも多く利用されているのは、**主成分分析（PCA）**です。主成分分析はこの軸を「データが最もばらついている（分散が大きい）方向」に作る手法です。上図ではばらつきの最も大きい方向に赤色の軸を、あまりばらつきの大きくない方向に青色の軸を置きました。見た目からも赤色の軸のほうが落下する高さが小さく、青色の軸のほうが大きいことがわかります。

33 最適化と遺伝的アルゴリズム

最適化とは、「ある条件（制約条件）のもとで、ある関数を最大（または最小）にする解（最適解）を求めること」です。ここでは、最適化のためのアルゴリズムの1つである遺伝的アルゴリズムと一緒に解説していきます。

最適化問題とは

ある関数（目的関数）の値が最大または最小になるような解を探すことを最適化とよびます。たとえば下図の赤線のような関数の値を最大にするとき、関数の形がこのように見えればどこが最大になる解であるかが一目瞭然ですが、実際には多くの場合、目的関数の形はわかりません。そこで最適化では、試しにいくつか解を入力することによって、より目的関数の値がよい解を探し、最適解を求めるのです。

実は、**最適化**は、一般的な機械学習アルゴリズムの定義からは外れています。しかし、実際に機械学習に触れると必ず必要となるアルゴリズムでもあるため、ここでしっかりと押さえていきましょう。

■ 最適化とは

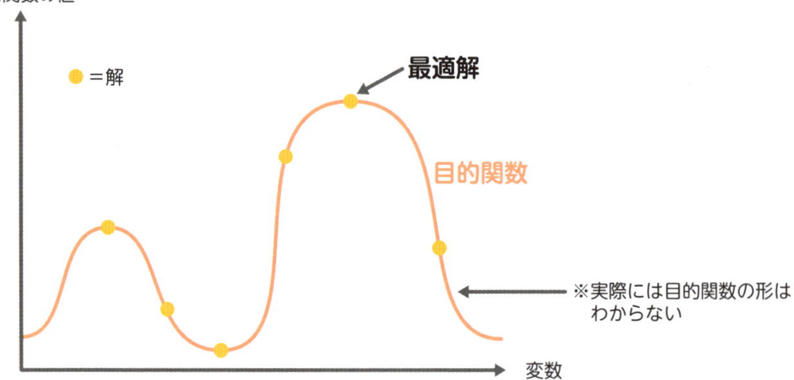

日常生活にもみられる最適化

難しそうなイメージを抱かれがちな最適化ですが、私たちの日常にもたくさん含まれているのです。たとえば、晩ごはんにおいしいカレーライスを作ることも、営業マンが会社を回る経路を決めることも、1種の最適化です。

■ 日常の中にある最適化

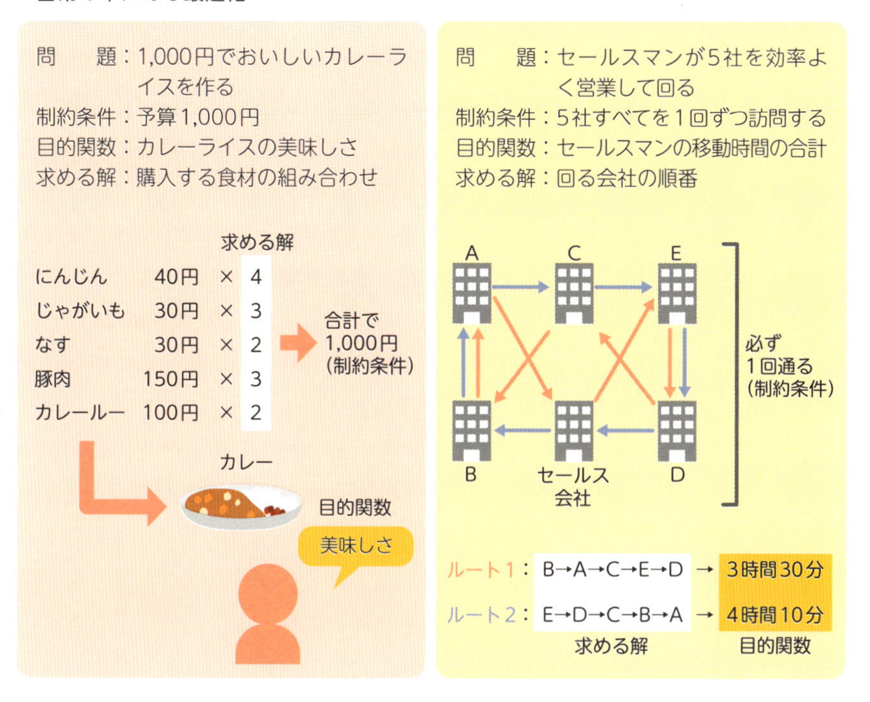

上記の例以外にも、物流会社において荷物の集積所から配達先に物品を配送・集積する配送時間の最適化を図る場合や、工場において複数の製品を生産する際の生産ラインの稼働時間、または納品時期の最適化を目標にする場合など、多くの問題はこの最適化により答えを出すことができます。機械学習においては、Section19「ハイパーパラメータとモデルのチューニング」で紹介した最適なハイパーパラメータの決定などによく利用されています。

次のページからは、実際に最適化の問題（最適化問題）を解くためにどのような方法があるのかを見ていきます。

全探索と組み合わせ爆発

一番かんたんな方法は、その最適化問題で考えうるすべての解の組み合わせを試し、その結果から最適解を導く方法です。この方法は**全探索**と呼ばれ、必ずもっともよい解を得ることができます。しかし現実的には、計算負荷が大きく大規模な最適化問題に対して適用できません。先ほどの営業マンの例を用いると、営業マンが回る会社数をnとしたとき、回る会社の順番は全部でn!通りとなります。会社数が5社の場合、5!=5×4×3×2×1=120通りですが、10社になると10!=3,628,800通り、20社になると20!=2,432,902,008,176,640,000通りといったように加速度的に増えていきます。1秒に1通りの試行ができるコンピュータでこれらを計算した場合、5社であれば2分で終わる計算が20社では約760万年かかってしまうということです。このように、試行すべき解の組み合わせが加速度的に増えていくことを**組み合わせ爆発**といいます。

組み合わせ爆発により全探索では計算ができない最適化問題を解くために、さまざまに工夫された最適化アルゴリズムが研究されています。ここでは、代表的な最適化手法のひとつである**遺伝的アルゴリズム**を紹介いたします。

遺伝的アルゴリズムとはその名の通り、生命の進化のしくみを利用したアルゴリズムです。生物はそれぞれの個体が「自然淘汰」されながら「交叉（組み換え）」「突然変異」をくり返すことで、種全体の遺伝子がより「環境」に適応するよう進化していきます。遺伝的アルゴリズムではこのしくみにならい、目的関数を「環境への適応度」、求める解を「遺伝子」とみなし、何世代にもわたって選択・交叉・突然変異処理をくり返すことによって、その最適化問題におけるもっともよい解を探すのです。

さっそく、そのプロセスを確認していきましょう。

■遺伝的アルゴリズムのプロセス

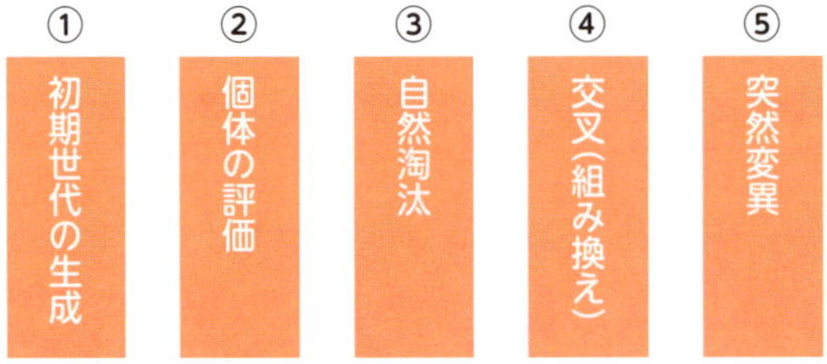

①	②	③	④	⑤
初期世代の生成	個体の評価	自然淘汰	交叉（組み換え）	突然変異

遺伝的アルゴリズムのプロセス

①初期世代の生成

この処理は最初の世代のみで行います。初期世代では親がいないため、制約条件に合うよう、遺伝子をランダムで決定して個体を生成します。

②個体の評価

その世代のすべての個体に対して評価を行います。各個体の遺伝子を目的関数に入力して計算を行い、その結果を評価値として記録します。

③自然淘汰

個体の評価値を基に、交叉を行って次の世代に遺伝子を残す個体を選り分けます。この処理で、全個体の遺伝子がより優れた方向へ変化していくことになります。次ページの図では簡易化のため上から順に選択していますが、生物の交配において優秀な個体だけが遺伝子を残すわけではないように、遺伝的アルゴリズムでも評価値の高い順に選択するのではなく、ランダム要素を入れた手法で個体を選択します。その際よく用いられる選択手法としては、「ルーレット選択」「ランキング選択」「トーナメント選択」などがあります。

④交叉（組み換え）

選り分けられた個体同士の遺伝子をかけあわせ、新たな遺伝子の個体を生成します。この処理によって優れた個体の遺伝子のよい部分同士を掛けあわせることができ、よりよい遺伝子を生成することができるのです。交叉にも自然淘汰と同様にさまざまな手法が存在します。よく用いられるのは、「1点交叉」「多点交叉」「一様交叉」などです。

⑤突然変異

その世代のすべての個体に対して、一定の確率で遺伝子の一部をランダムに変更します。

以上の②から⑤をくり返し実行することで、よりよい遺伝子を求めていきます。

■遺伝的アルゴリズム

①初期世代の生成
はじめは、制約条件に合うように遺伝子をランダムに決定した個体を生成する

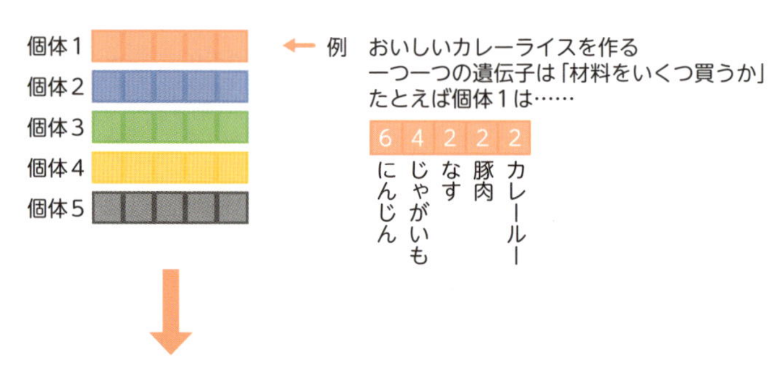

②個体の評価
遺伝子を目的関数に入力し、
すべての個体の評価数を計算する

③自然淘汰
優秀な個体が多く残るよう、
評価の低い個体を淘汰する

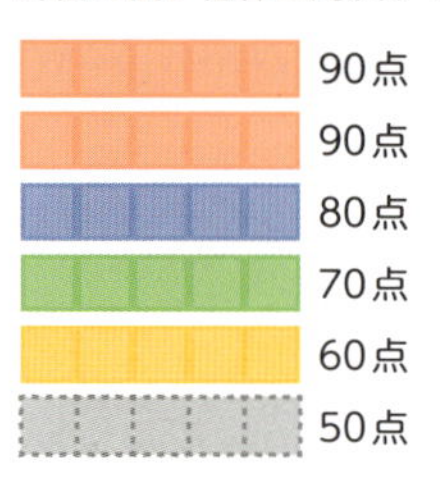

④交叉
個体同士の遺伝子をかけ合わせ、
新たな遺伝子を持つ個体を生成する

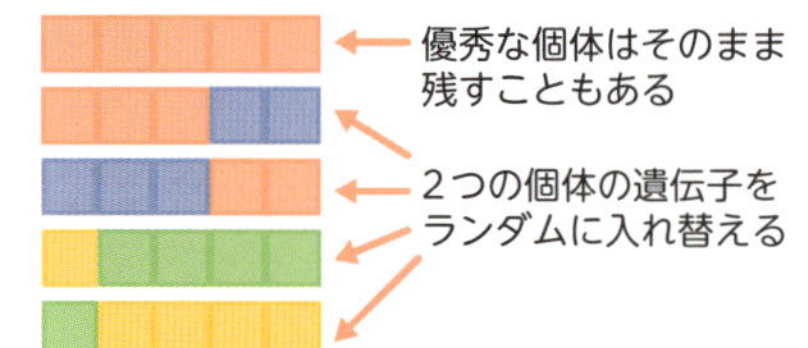

⑤突然変異
個体の遺伝子の一部をランダムに
置き換える

まとめ　最適化問題は目的関数の値を最小または最大にする

5章

ディープラーニングの基礎知識

ここからは、すでにいくつかの箇所で触れてきたディープラーニングについて、より詳しく学んでいく章になります。そもそもどのような歴史を経て発展してきた手法なのか、そしてどのようなケースでどう役立つのか、具体的な事例を挙げながら一つ一つ解説していきます。

34 ニューラルネットワークとその歴史

ニューラルネットワークとは、人間の神経回路（ニューロン）の構造をモデル化したネットワークのことです。神経回路というと、どこか人間に近いものをイメージしがちですが、実際は足し算を基本とする非常にシンプルなモデルです。

パーセプトロンとニューラルネットワーク

ここでは、ディープラーニングの根本的なしくみである**パーセプトロン**（ニューロンモデル）について学びます。パーセプトロンは単一のニューロンをモデル化したものであり、その構造はとてもシンプルです。

それぞれの入力は、下図の青い矢印で示されているように、次の入力に対応する**重み**（結びつきの強さ）を掛けたうえで足されます。さらに、1に重みを掛けたものも足されます。これは**定数項**と呼ばれ、下図では緑の矢印で示されています。足し算が終わったものは赤い矢印のように活性化関数と呼ばれる非線形関数（P.150参照）に入力され、最終的な出力となります。なお、和と活性化関数を省略すると、パーセプトロンは下図右のように描くことができます。パーセプトロンを2つ重ねて出力を2つにした図と合わせて確認しておいてください。

■ パーセプトロン

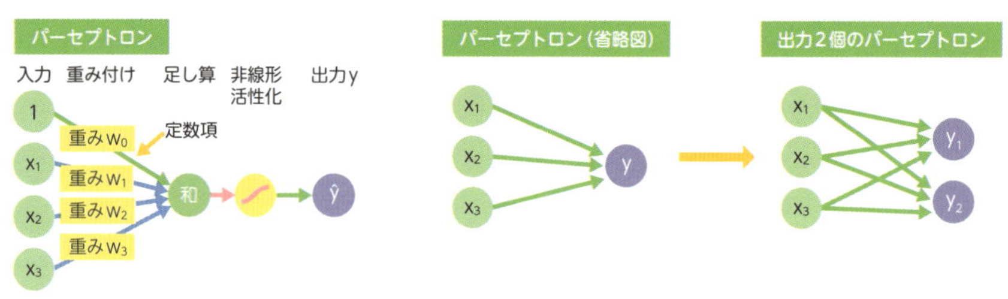

パーセプトロンをその後にもつなげていくと、入力層と出力層の間に**隠れ層**を持った**ニューラルネットワーク**ができます。入力層と出力層は直接観察できるのに対し、隠れ層は直接観察できず、文字通り「隠れ」ています。下図のニューラルネットワークは、隠れ層1層を持った2層のニューラルネットワークです。円形で示された部分を**ノード**、矢印で示された部分を**エッジ**といいます。なお、層の数を数える際は、入力層を除外し、「エッジのネットワークとノードにつき1層」と考えるとよいでしょう。入力層→隠れ層においては、入力層の各ノードは隠れ層の全てのノードと結合しています（隠れ層→出力層においても同様）。このような層を**全結合層**といいます。

この隠れ層をさらに何個も増やしていくと、**ディープニューラルネットワーク**が完成します。隠れ層や隠れ層のノードの数を増やしたことでパラメータ（重みw）の数が多くなるため、より複雑な出力を行えます。一方、パラメータの数が多くなれば、学習にはより多くのデータが必要となり、過学習も起こりやすくなります。それを防ぐために使われるニューラルネットワーク特有の手法が、**ドロップアウト**です。ドロップアウトとは、一定の確率でノードをないものとみなして学習を行う方法です。

■ ニューラルネットワーク（2層）

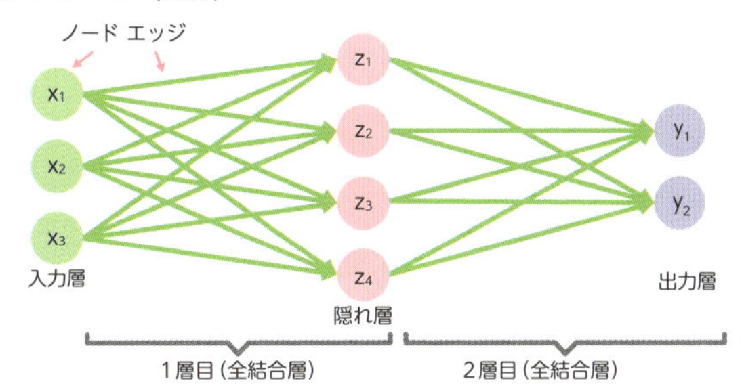

■ ディープニューラルネットワーク

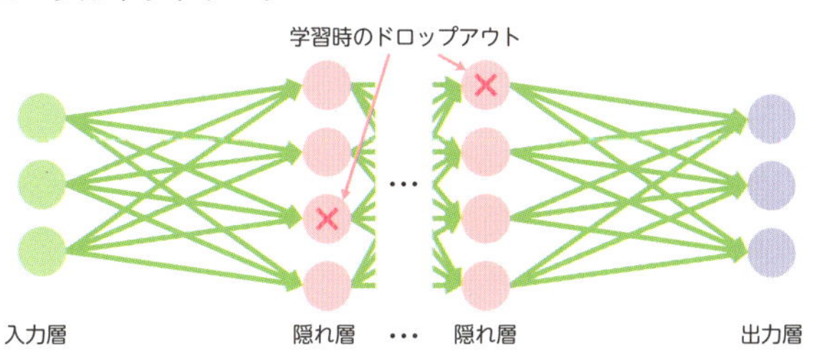

活性化関数の非線形性

活性化関数とは、入力を重み付けした和を別の値に変形させる数式のことで、ディープラーニングにおいて非常に重要です。現在利用されている活性化関数はすべて非線形関数になっています。非線形関数とは、グラフ上で一直線ではない関数のことです。なお、線形関数とは、y=○x+△のような形で表され、グラフ上で一直線になる関数のことです。活性化関数として代表的なものに、シグモイド関数、ハイパボリックタンジェント(tanh)関数、Rectified Linear Unit (ReLU)関数などが挙げられます。シグモイド関数は、どんな数を入力しても0から1の間に変換されるため、最終的に確率を出力する際に有用です。tanh関数は、入力を-1から1に変換します。ReLU関数は線形のように見えますが、0で折れ曲がっているため非線形です。0以上の場合だけ入力をそのまま通すため、計算がかんたんである点が特徴です。

こういった活性化関数のなかで近年よく使われているのは、ReLU関数です。その主な理由は、勾配消失問題(Section39参照)が起きにくいためです。学習時には、活性化関数を微分した値(勾配)を使って計算をしますが、シグモイド関数やtanh関数は勾配が0に近い値になることが多く、学習がうまく進みません。その点、ReLU関数ではxが0以上であれば勾配が1となるため、学習が進みやすいのです。そんなReLU関数の欠点は、xが0より小さい場合に勾配がゼロになることですが、この欠点を改良したReLUの派生型関数も多く提案されています。

■ 主な活性化関数

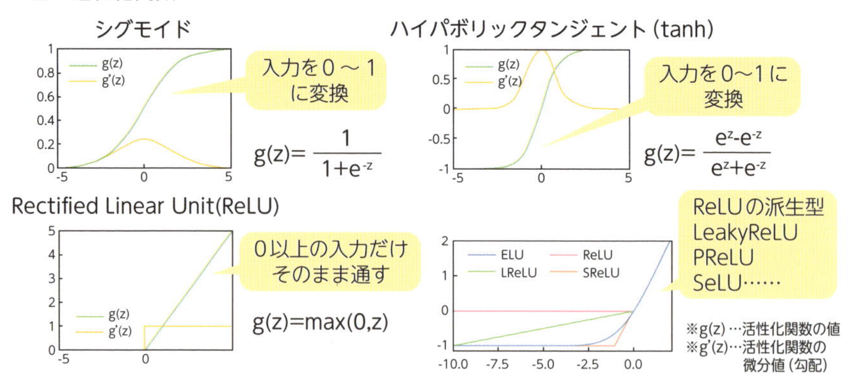

非線形活性化関数の重要性

活性化関数が非線形である理由は、現実のデータのほとんどが非線形であるからです。たとえば下図のような緑と赤のデータを分類しようとしても、一直線では分類できません。線形活性化関数では、どんなに層をディープにしても境界線が一直線になってしまいます。一方、非線形活性化関数を使えば、複雑な境界線を描くことができます。入力をぐしゃっと歪ませることを何回もくり返せば、もとに戻せないほど複雑に歪んだ線が出力できることは、直感的にもイメージしやすいでしょう。

「A Neural Network Playground」というサイトでは、ニューラルネットワークの設定を変えることによる出力結果の変化を直感的に確かめることができます。興味のある方は閲覧してみることをおすすめします。

■ ニューラルネットワークの出力の可視化

活性化関数を入れる理由

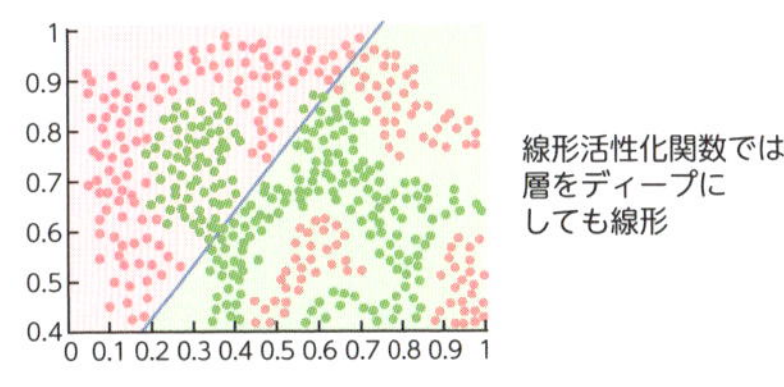

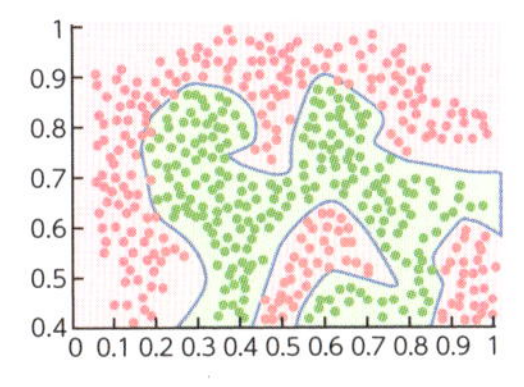

非線形活性化関数では
層をディープに
すると非常に
複雑になる

出典：http://introtodeeplearning.com/materials/2019_6S191_L1.pdf

A Neural Network Playground

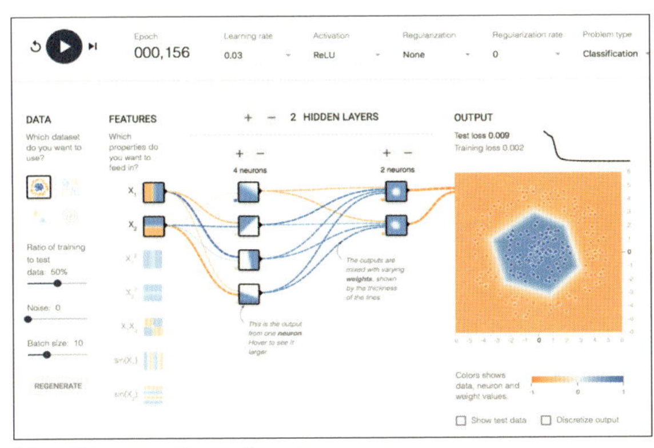

https://playground.tensorflow.org/

形式ニューロンと研究ブーム

ここまで、現在使われているニューラルネットワークのしくみを概観してきました。最後にニューラルネットワークの歴史を振り返ってみましょう。これまでのニューラルネットワーク研究は、進歩と停滞をくり返してきています。

ニューラルネットワークの始まりは1943年、神経生理学者のマカロックと数学者のピッツが**形式ニューロン**を発表したことです。この形式ニューロンは、人間の脳にある神経細胞（ニューロン）をモデル化したものでした。神経細胞では、さまざまな樹状突起から入力された情報（電気信号）が合わさり、電気信号が一定の強さ以上になるとニューロンが興奮します。この興奮は、軸索を通って他のニューロンに伝わっていきます。同様に形式ニューロンでは、入力の値（x_1, x_2, x_3, …）が重みw_1, w_2, w_3, …によって重み付けられたうえで足されます。その値がしきい値Tを超えると出力yが1になり、それ以外の場合は0となります。こうしたかんたんなモデルでも基礎的な論理式や数式を表現できることがわかり、脳の構造をモデルにしたコンピュータへの関心が高まりました。

1958年には、心理学者のローゼンブラットが形式ニューロンを参考にし、パーセプトロンを発表しました（このSection冒頭で説明したものとは少し異なります）。このとき同時に、ローゼンブラットは教師あり学習を行うアルゴリズムを考案しました。人工知能が自ら学ぶことができるという期待感はぐっと高まり、1960年代には最初の研究ブームを迎えます。

■ 1960年代までの研究

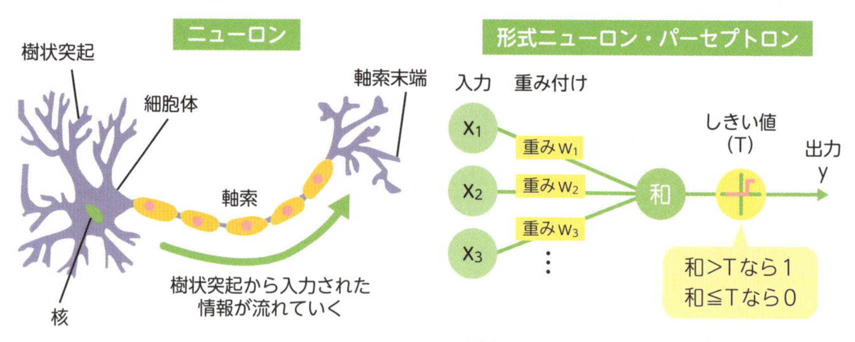

※形式ニューロンの場合は、入力が0,1に限定される

ニューラルネットワーク研究の停滞と進歩

しかしローゼンブラットの発表から始まる1960年代の研究ブームは、次第に終焉していきます。その決定打となったのは、1969年、人工知能の研究者であるミンスキーとパパートによる指摘です。それは、層が1つのパーセプトロンは線形分離不可能（Section24参照）な問題を解けないという指摘でした。理論的には、現在のように層を何層にも重ねることで解決できる問題であるとわかってはいたものの、ローゼンブラットの発表したアルゴリズムでは層を重ねたパーセプトロンを学習させることは不可能だったのです。結局、現実の複雑な問題を解決するには程遠いと判明したことで、1970年代はニューラルネットワークにとって停滞の時代となります。

続く1980年代は、現在のニューラルネットワークの学習アルゴリズムとなる誤差逆伝播法（Section37で解説）が確立された時期であり、研究が一歩進んだ時期といえるでしょう。誤差逆伝播法そのものは、1960年代にすでに考案されていたものの、注目を集めずに終わっていました。しかし1986年には層を重ねたネットワークの学習に誤差逆伝播法を使う手法が確立し、層を重ねたネットワークの学習が可能となりました。さらに、この時期には畳み込みニューラルネットワーク（Section41で解説）の原型も完成し、手書き文字の認識ができるまでに実用的になったのでした。

■ 1960～1980年代までの研究

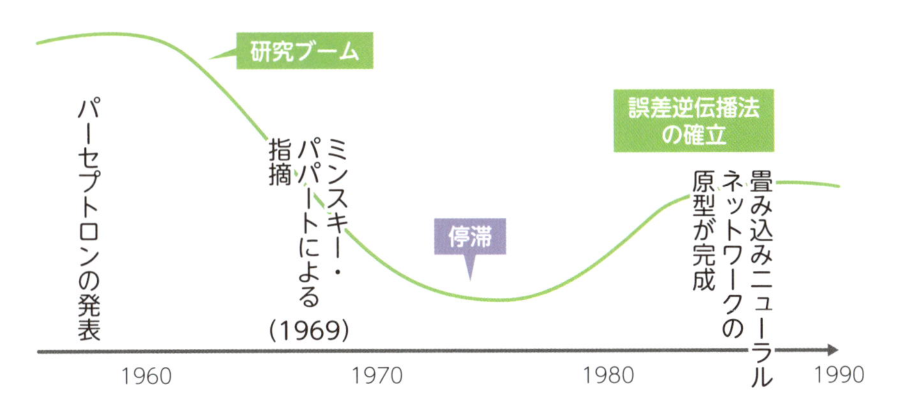

ディープラーニング時代の幕開け

1980年代に誤差逆伝播法の確立という進歩はありましたが、1990年代から2000年代前半までは再び停滞の時代を迎えます。何層にも重ねたニューラルネットワークでは、誤差逆伝播法における「伝播」がうまく行われず（勾配消失問題、Section39で解説）学習がうまくいかないとされていたのです。さらに、当時のコンピュータの計算能力では、層の深いニューラルネットワークの学習を行うことも困難でした。その間、サポートベクトルマシンなどニューラルネットワークを使わない機械学習の手法が主流となり、ニューラルネットワークの研究は下火となっていきます。

ニューラルネットワークを用いたディープラーニングの研究がやっと花開いたのは、2000年代後半です。2006年、計算機科学者のヒントンが、**深層信念ネットワーク（DBN）**と呼ばれる層の多いネットワークにおいて、効率的な学習方法を提案しました。さらに、**制約つきボルツマンマシン（RBM）**を用いた特徴量の自動抽出の可能性も示しました。これこそがディープラーニングの特長であり、畳み込みニューラルネットワークによる画像認識の飛躍的発展につながっていったのです。

■ 1990年以降の研究

制限付きボルツマンマシン（RBM）

隠れ層

入力層

制限付きボルツマンマシンは2層で、
同じ層にある変数同士はつながらない
（計算量の爆発を防ぐため）

深層信念ネットワーク（DBN）

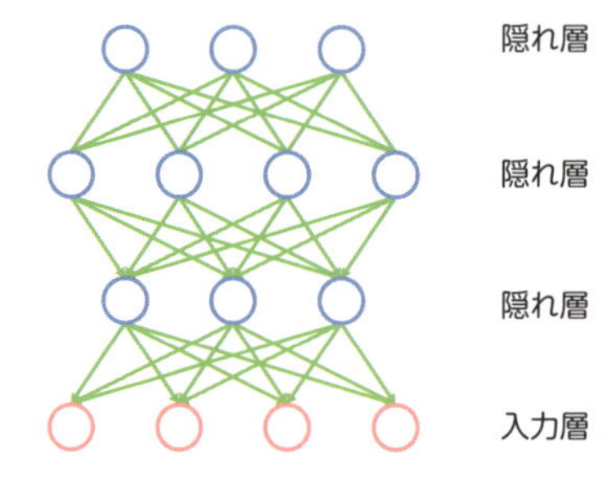

まとめ

- ニューラルネットワークは神経回路のモデル

COLUMN

畳み込みニューラルネットワークの生みの親は日本人？

機械学習やディープラーニングといえば、Googleに代表されるようなアメリカの大企業や大学が研究をリードしているというイメージが一般的です。また最近では、中国の企業や大学も強い存在感を発揮しており、日本の活躍は相対的に霞んで見えてしまう、という人も多いかもしれません。

事実、現状においてこの分野であまり存在感のない日本ですが、ニューラルネットワークの歴史の中にはしっかりと日本人の名前が刻み込まれています。それが、福島邦彦という研究者です。福島は、1980年代に「ネオコグニトロン」と呼ばれる階層型多層神経回路モデルを発表しました。ネオコグニトロンは、畳み込みニューラルネットワークと同じように画像認識に強く、現在使われているネットワークの原型といってもいいような、驚くほど似たしくみを持っています。

下図のS細胞とC細胞は、それぞれ単純（simple）細胞と複雑（complex）細胞を表し、特徴抽出とプーリングの役割を担っています。また各層の間では、畳み込みと同じ演算を行います。入力層から出力層に向かうにつれて、細かい特徴から大まかな特徴を掴んでいくという性質も、畳み込みニューラルネットワークと同じです。

今では当たり前のように使われている画像認識のノウハウに日本人の努力が受け継がれていると思うと、なんだか感慨深いですね。

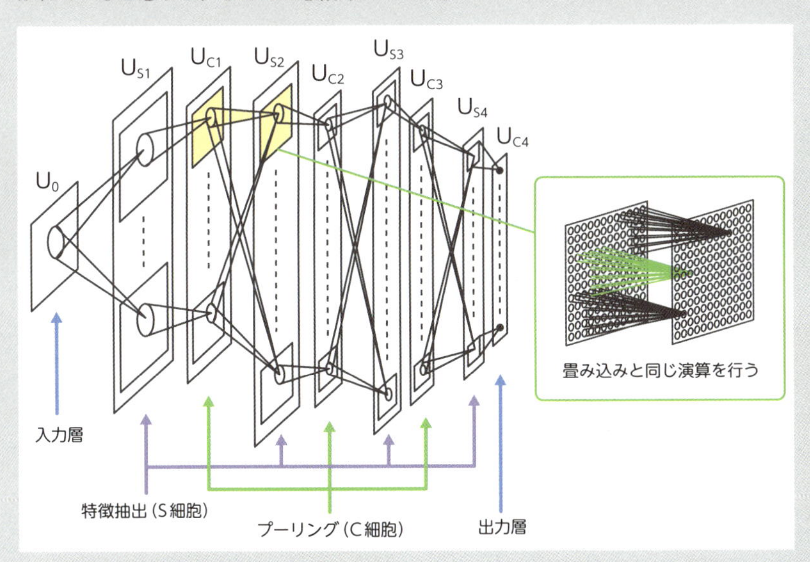

出典：福島 邦彦，(OS招待講演)Deep CNN ネオコグニトロンの学習，人工知能学会全国大会論文集，2016, JSAI2016 巻，第30回全国大会(2016) より図 1を参照に作図

35 ディープラーニングと画像認識

「Googleの猫」に代表されるように、世間では“ディープラーニングといえば画像認識”といったイメージが強いですね。このセクションでは、そもそも画像認識とは何なのかを明確にすることで、より理解を深めていきましょう。

画像認識とは

コンピュータ上における画像のデータは、ピクセルという点の集まりです。そのうえで、一つ一つのピクセルは[赤, 緑, 青]=[30, 120, 80]といったように色が対応したものとして表されます。この際、画像データに「何が写っているか」という情報は存在していません。人間であれば、ある画像を見たとき「この部分は人」「この部分は空」といったように、画像を構成する各部分がそれぞれ何に対応しているのか瞬時に認識し、その情報を含めて「視覚」が成り立っています。しかしコンピュータが同じ認識を成立させるためには、画像が「何に対応しているか」という情報が不可欠です。**画像認識**とは、それをコンピュータによって得ようとする技術なのです。

■ 人間とコンピュータの画像認識

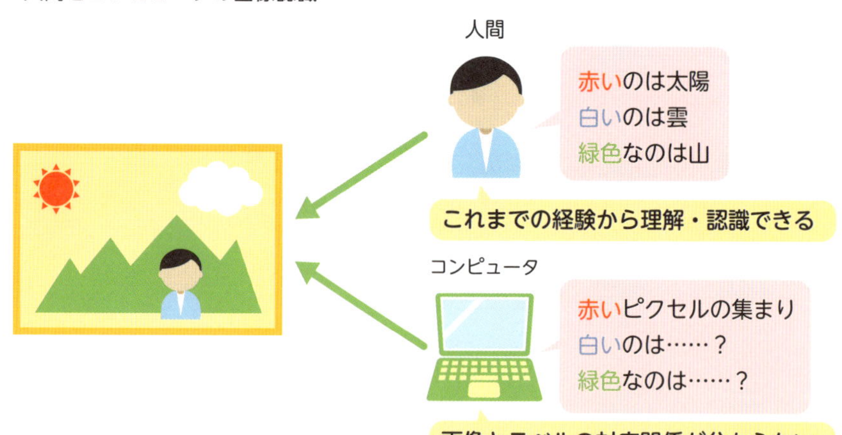

画像認識とは「パターン認識」

画像認識とは、言い換えると「**パターン認識**」です。ここでのパターンとは、たとえば「赤くて丸い物体はりんごである」「緑でくびれのある物体は洋梨である」といった、物体を画像として見たときの特徴を指します。機械学習では、学習データからこういったパターンを見出せるよう訓練し、実際にデータが入ってきたときにこのパターンを当てはめることで知能を実現しています。その意味で、画像認識アルゴリズムとして機械学習を利用することは妥当といえるでしょう。

しかし、それではなぜ画像認識が従来の機械学習ではなく、ディープラーニングの発展とともに実用の域に達したのでしょうか。どちらも学習データからパターンを見出すアルゴリズムなので、従来の機械学習アルゴリズムでもディープラーニング同様の画像認識ができそうな気がします。

この疑問に対する答えは、ディープラーニングが「データのどこを見ればパターンを見出せるのか」を自動で学習する点にあります。従来の機械学習では、データをアルゴリズムに入力する前に、データのどこに注目すればよいのかを人間が指定してその値(特徴量)を抽出しなければいけませんでした(Section09参照)。そのため、画像のような多次元で複雑なデータに対しては、人間が有効な特徴量を設定することが難しかったのです。しかしディープラーニングでは、適切な特徴量を学習の過程で自動的に探し出せるため、人間が気付かないデータのパターンの特徴を利用した処理が可能なのです。

■ディープラーニングの画像認識

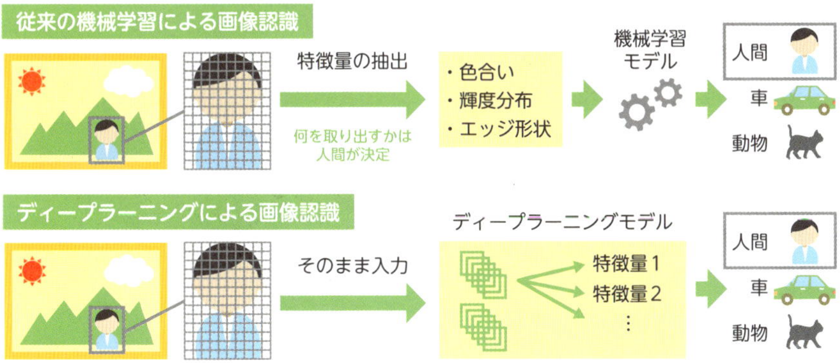

従来の機械学習による画像認識
特徴量の抽出
何を取り出すかは
人間が決定
・色合い
・輝度分布
・エッジ形状
機械学習
モデル
人間
車
動物

ディープラーニングによる画像認識
そのまま入力
ディープラーニングモデル
特徴量1
特徴量2
⋮
人間
車
動物

ディープラーニングを利用した画像認識アルゴリズム

原理がわかったところで、ディープラーニングを利用した画像認識アルゴリズムの例を確認していきましょう。

まず**物体検出**です。物体検出では、画像の「どこ」に「なに」が「何%の確信度」で存在しているのかといった情報を取得できます。一昔前にも、デジタルカメラなどで顔検出機能を搭載しているものがありましたが、いずれも機械学習を利用しないアルゴリズムが採用されていたため、精度は高くありませんでした。物体検出アルゴリズムにディープラーニングを組み込むことで、より多くの種類の物体をさまざまな状況下で検出できるようになったのです。なお、このような画像認識においてもっとも利用されているニューラルネットワークは「CNN（Convolutional Neural Network）」ですが、CNNについてはSection41で解説します。

■ 物体検出

CNNを用いた物体検出の例。馬にまたがる人物やポールの後ろにいる人物など、物体同士が重なっている場合にも検出することができ、その性能の高さがわかる

出典：Faster R-CNN: Towards Real-Time Object Detection with Region Proposal Networks

キャプション（説明文）生成

物体検出では画像中の物体ごとのラベルを推測していますが、ディープラーニングによる画像処理と後述の自然言語処理アルゴリズムを組み合わせることで、画像内の複数の物体同士がどのような状況にあるかを説明する文章を自動生成できます。それが**キャプション生成**です。このように物体同士の関係性をコンピュータが認識できるようになると、他分野への応用が爆発的に展開する可能性があります。それだけに今、注目を集めているアルゴリズムの一つです。

■ キャプション生成

Figure 5. A selection of evaluation results, grouped by human rating.

左列から、緑：間違いなし、橙：少しの間違い、黄：関連性はある、赤：全く違う、という意味。間違っている例も多いが、画像の大まかな印象を読み取ることはある程度できているといえる

出典：Show and Tell: A Neural Image Caption Generator (https://arxiv.org/pdf/1411.4555.pdf)

まとめ

- **画像認識は、ある物体に共通のパターンを機械に把握させること**
- **ディープラーニングが画像認識に強いのは、パターンを自動で探すため**
- **「物体が何なのか」だけでなく、「それらが何をしているのか」を認識することも可能**

36 ディープラーニングと自然言語処理

自然言語処理とは、人が普段使っている言語(日本語や英語など)をコンピュータに処理させることです。ここでは、自然言語処理の代表的な手法に加えて、ディープラーニングと自然言語処理を組み合わせたタスクと実用例について説明します。

自然言語処理とは

自然言語処理とは、人が普段使っている言語（日本語や英語など）のテキストをコンピューターに処理させることです。コンピューターの世界で言語といえば人工のプログラミング言語を指すことが多いため、あえて「自然」を付けています。人間の言語活動は一般に「聞く」「話す」「読む」「書く」の4つに分類されますが、自然言語処理はそのうち「読む」「書く」を担うものと考えてよいでしょう。一方、「聞く」「話す」では音声波形を扱う必要があるため、自然言語処理ではなく音声処理の問題として扱われる場合も多くあります。しかし、実際には「聞いて書く（音声認識）」「読んで話す（音声合成）」など、自然言語処理と音声処理の両方にまたがったタスクを扱うことが多いため、どこまでを自然言語処理の範囲とするかはあいまいです。

■ 自然言語処理に用いられる技術

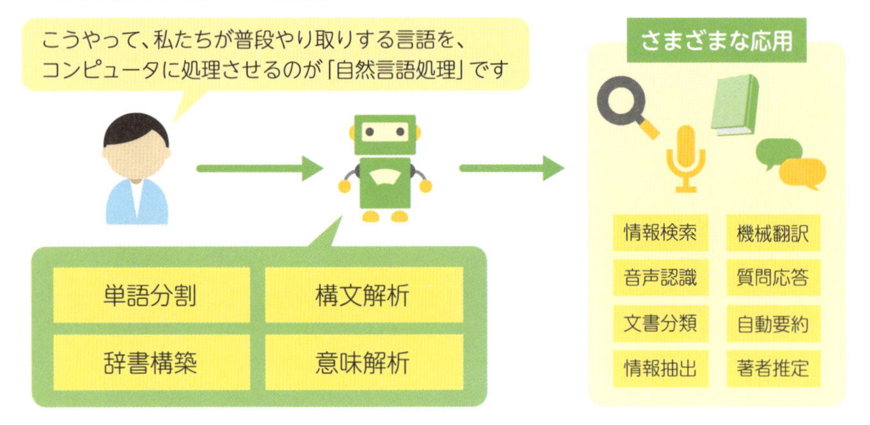

自然言語処理の代表的な処理

自然言語処理では、①**形態素解析**②**単語の分散表現への変換**を行う場合が多くあります。

①の形態素解析とは、かんたんにいえば品詞分解です。文章を形態素（意味を持つ最小単位）の並びに分解し、その形態素の品詞などを判別する処理を指します。特に、日本語や中国語などでは単語と単語の間にスペースがないため、形態素解析は非常に重要です。また、英語に代表されるように、単語と単語の間にスペースがある言語の場合は、短縮形をもとに戻すなど、比較的単純な処理を行います。

②の単語の分散表現への変換とは、単語を数値の並びとして表現することです。この数値の並びのことを**分散表現**といいます。コンピューターはそのままでは単語同士の意味の近さを判断できず、どの単語も同じ程度違うものとして扱います。そこで、意味の近い単語は数値の並びも似ているような数値の並びを作ります。また、分散表現を足し算引き算すると、単語の意味も足し算引き算されることがわかっています。なお、単語の分散表現を学習する方法の総称を**Word2Vec**といいます。

■ 形態素解析と分散表現への変換

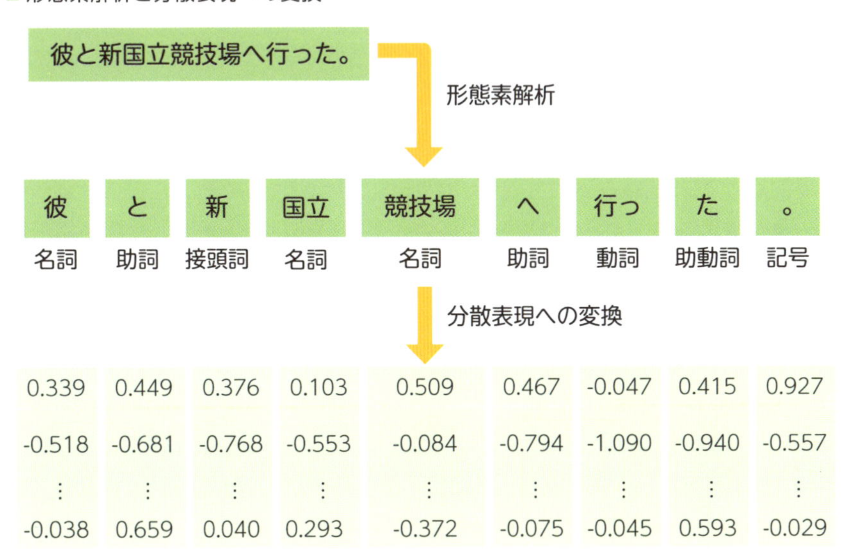

彼	と	新	国立	競技場	へ	行っ	た	。
名詞	助詞	接頭詞	名詞	名詞	助詞	動詞	助動詞	記号
0.339	0.449	0.376	0.103	0.509	0.467	-0.047	0.415	0.927
-0.518	-0.681	-0.768	-0.553	-0.084	-0.794	-1.090	-0.940	-0.557
⋮	⋮	⋮	⋮	⋮	⋮	⋮	⋮	⋮
-0.038	0.659	0.040	0.293	-0.372	-0.075	-0.045	0.593	-0.029

ディープラーニングを利用した自然言語処理のタスク

自然言語処理についての基礎知識がそろったところで、ディープラーニングを利用した自然言語処理のタスクをかんたんに確認していきましょう。

まずは、**機械翻訳**です。初期の機械翻訳は、①単語ごとに翻訳する②翻訳先の文法に従って並べ替えるという非常に単純な処理を行っていました。もちろんこのような処理ではうまくいかず、データを用いた統計的機械翻訳に切り替わることになります。単語ごとの翻訳や文法の並べ替え方の設定をやめ、大量の対訳文のデータベースを学習させ、フレーズごとに翻訳させることで、より自然で正確な翻訳を目指しました。こういった流れを経て、最近はディープラーニングを利用した機械翻訳が主流となり、非常に自然な文章を出力できるようになっています。ディープラーニングを用いた機械翻訳の欠点は、扱える語彙数が小さくなることです。ディープラーニングは計算に非常に時間がかかるため、現実的な時間内で学習を終了させるには語彙数を制限する必要があるのです。

次に、**文書要約**です。文書要約は、単一文書要約と複数文書要約に分けられます。前者は1つの文書を、後者は複数の文書を見て要約文を生成するものです。また、要約文の作り方には抽出的手法と生成的手法があります。前者は入力された文から必要と思われる箇所をとってくる手法で、後者は入力された文以外の単語やフレーズを生成する手法です。ディープラーニングを使った文書要約タスクで実用的なものの一つがニュースの見出し生成です。これは、生成的手法を使った単一文書要約タイプのものであるといえるでしょう。ニュースの見出しと本文の組み合わせはインターネット上から収集しやすく、多くのデータが集まることから、実用的な研究が多く行われています。文書要約の課題として、①機械翻訳よりも多い入力データが必要であること②文書要約の正解には絶対的な基準がなく評価が難しいことなどがあげられます。

■ ディープラーニングを利用した自然言語処理の実用例

機械翻訳

Google翻訳

文書要約

窃盗未遂で、会社員の男が逮捕された。
逮捕されたのは、A県B市に住む会社員・C。
警察によるとCは、会社のロッカーで財布を
盗もうとした疑いがもたれている……

窃盗未遂の疑いで会社員の男逮捕

自動要約生成APIの一例

対話システム

元女子高生AI「りんな」

音声認識

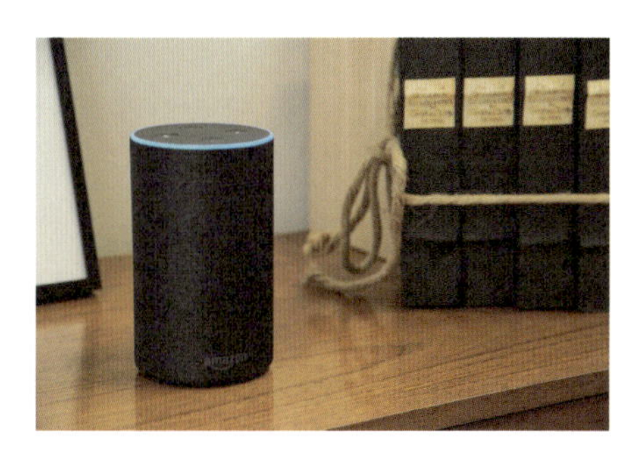

スマートスピーカー
Amazon Echo

ディープラーニングを使った自然言語処理の多くは、再帰型ニューラルネットワーク（RNN）と呼ばれるモデルを採用しています。RNNについては、Section42で解説します。

3つ目が、**対話システム**です。AppleのSiriやGoogleアシスタント、Microsoftの「りんな」のように対話を行うシステムを指します。対話システムの歴史は古く、1960年代にはELIZAとよばれるチャットボットが開発されています。ELIZAはユーザーが入力した文に応答するため、あたかも会話をしているように見えましたが、そのしくみはオウム返しに毛が生えた程度のもので、あらかじめセットされている言い回しを選び、そこに入力した文を埋め込んでいるだけでした。現在ではディープラーニングを使って、それまでの会話の履歴をもとに次の発話を出力できるようになっています。課題としては文書要約と同様、対話の正解に絶対的な基準がないために評価が難しい、という点が挙げられるでしょう。なお、Siriに代表される最近の対話システムは自然なコミュニケーションを行うだけでなく、質問に対して適切な回答も行います。このような、質問に対して回答を行う分野は質問応答と呼ばれます。

最後に、**音声認識**および**音声合成**を取り上げます。Siriなどの最近の対話システムは、テキストのほかに音声による入力も受け付けます。出力も音声とテキストの両方で行う場合が多く、音声の処理とテキストの処理は密接な関係にあるといえます。2010年から2012年にかけて、ディープラーニングによって音声認識の精度が最大33%向上することがわかり、それまでの音声認識の一部の処理をディープニューラルネットワーク（DNN）が担うことが主流になりました。さらに、すべての処理をDNNによって学習を行う（end-to-end）モデルも提案されるようになりました。音声認識と音声合成のモデルには関連性があるため、音声合成のディープラーニングの導入も同じような流れで進められています。特に、Googleの音声合成にも導入されているWaveNetは自然な音声を合成することから、衝撃をもって受け入れられました。

まとめ

- **自然言語処理の代表的技術として、形態素解析・分散表現がある**
- **ディープラーニングの導入で自然言語処理の精度は大幅に向上した**

6章

ディープラーニングのプロセスとコア技術

ディープラーニングの原理や活用事例についてわかったところで、いよいよそのプロセスとコア技術について解説していきます。とはいえ、数学的な説明は最小限に留め、身近な例なども用いた平易な解説となっていますので、身構えずに目を通してみてください。

37 誤差逆伝播法による ニューラルネットワークの学習

誤差逆伝播法は、正答データと実際の出力を比較し、重みやバイアスを修正することです。ニューラルネットワークの学習において非常によく使われる手法なので、しっかりと押さえておきましょう。

ニューラルネットワーク中をデータが伝う「順伝播」

誤差逆伝播法を理解するにはまず、反対の概念である**順伝播**を理解する必要があります。ニューラルネットワークモデルに入力されたデータは、**ノード**と呼ばれる要素の連なりを伝う過程で、各ノードに設定されたパラメータ（重みやバイアス）によりさまざまな処理・変換がなされ、最終層に出力されます。この、入力から出力へ情報が伝う流れを、順伝播と呼ぶのです。ニューラルネットワークモデルで予測や分類を行うには、この順伝播を利用します。

しかしニューラルネットワークモデルは、作成した時点ではノードの重みがでたらめに設定されており、出力も正確ではありません。そこで従来の機械学習アルゴリズムと同様に、ニューラルネットワークにおいても学習データによる学習を行う必要があります。その代表的手法の1つが、このSectionで取り上げる誤差逆伝播法です。

■ 順伝播

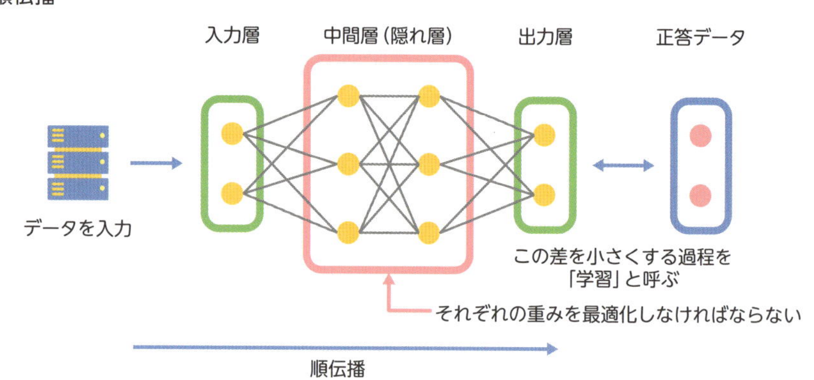

ニューラルネットワークを学習させる「誤差逆伝播法」

誤差逆伝播法(バックプロパゲーション)はその名の通り、ニューラルネットワークの出力と正答データとの差(誤差)が後ろ(逆)のノードへ伝播するように計算を行い、その重みを調整する手法です。

たとえば下図のように、(n+1)番目の層で順伝播により計算された値が8であるとします。しかし、正答から逆算してそのノードが取るべき値が10であるとわかった場合、そのノードにおける誤差(**局所誤差**)は10-8=2となります。そこで局所誤差を小さくするために、さらに1つ前の層の誤差を小さくします。前段にて、あるn番目の層における3つのノードが取るべき値を4,4,2であると考えましょう。この場合、順伝播によって計算された値は3,3,2であるため、それぞれのノードでの局所誤差は1,1,0となります。次に、すべてのノードにおける局所誤差を用いて、出力と正答データの誤差の和である**損失関数**を算出し、その値が小さくなるように各ノードの重みを調整することで、よりよいニューラルネットワークモデルへ学習が進んでいきます。なお、損失関数を小さくするような重みを計算する方法は、Section38において紹介します。

■ 誤差逆伝播法

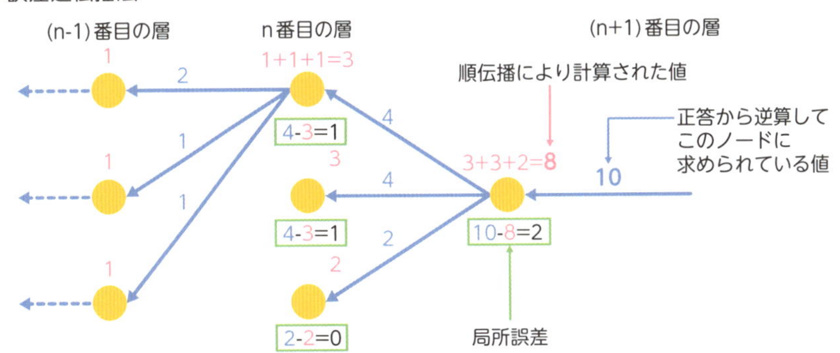

まとめ

- 入力から出力へと情報が伝わっていく流れが順伝播、さかのぼって誤差を小さくしていくのが誤差逆伝播法

38 ニューラルネットワークの最適化

機械学習やニューラルネットワークのモデルを学習させることを「最適化する」とも呼びます。基本的にはSection33の最適化と同じ概念ですが、ここではモデルの最適化に焦点を当てて説明します。

モデルの最適化とは損失関数の最小化

最適化が「ある目的関数を最大(または最小)にする解(最適解)を求めること」であるということは、Section33で説明しました。ではモデルの学習において最適化される**目的関数**とは何なのでしょうか。すでにお気付きかもしれませんが、モデルの最適化における目的関数は、Section37で解説した「誤差逆伝播法」で計算できる「損失関数」にあたります。損失関数の値は、モデルの出力が正答に対してどれだけずれているかを表す値であり、ニューラルネットワークの各ノードにおける重みやバイアスから計算できます。つまりモデルの最適化は、損失関数の値が小さくなるようなニューラルネットワークの重みを探し出すことを指すのです。

■ 損失関数を最小化する

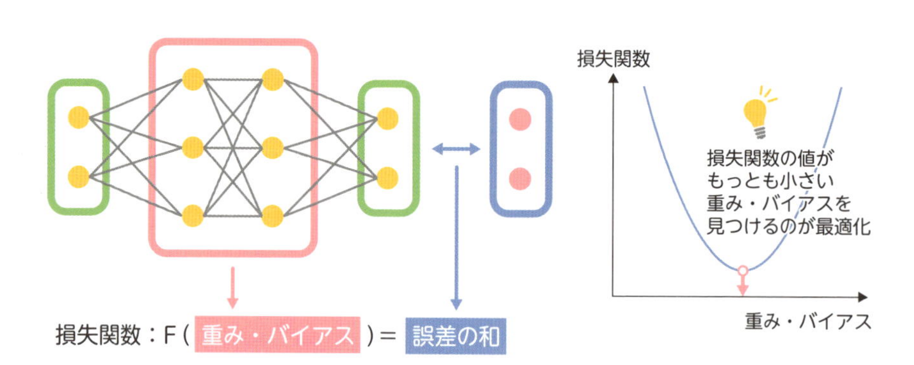

勾配降下法の考え方

最適化には、対象となる問題に合わせてさまざまな手法が存在します。Section33で解説した遺伝的アルゴリズムは、主によい組み合わせを探すような問題（組み合わせ最適化）で性能を発揮します。ここでは、モデルの最適化で現在もっとも利用されている**勾配降下法**の基本原理を説明していきます。

まずはかんたんな損失関数を考えましょう。ある一つの解に向かって、徐々に値が小さくなるような損失関数です。数学的にはもう少し細かい定義がありますが、一般的にこのような関数のことを**凸関数**といいます。ただし実際には、関数の形を見て最適解を求められる状況はほとんどありません。知ることができるのは、ある解を入力したときの損失関数の値と、その解における**関数の勾配（傾き）**です。たとえば、濃霧で足元しか見えない山を歩いていて、今いる場所より標高が低い場所に降りたいとします。そのような状況でできることは、「足元の勾配（傾き）を見て下り坂になっている方向に降りていく」ことでしょう。勾配降下法ではまさに同じ考え方で、損失関数という「山」の勾配を下る方向に降りて（降下）いきます。勾配を調べては降りること（探索）をくり返し、勾配が平らになったとき、その場所が損失関数の最小値であると考え、解を最適解とするのです。なお勾配が平らになり、それ以上の最適化が終了したことは「収束した」と表現します。

■ 勾配降下法は「山下り」

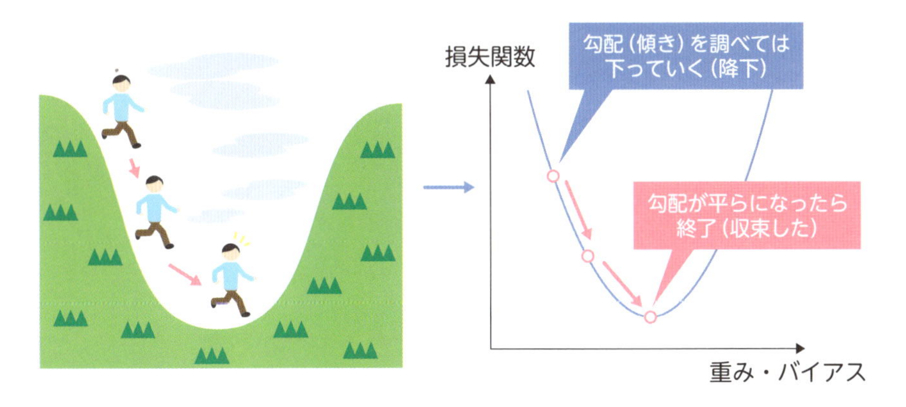

最適化で問題となる「局所最適解」

勾配降下法を利用することで、全体的な関数の形がわからない状況でも最適解が求められそうであるとわかりました。しかし、はたして勾配降下法は、すべての状況で必ず最適解を見つけられるのでしょうか。たとえば下図のような関数を考えましょう。先ほどの関数とは異なり、山あり谷ありの複雑な関数です。このように複数の山や谷がある関数のことを、先ほどの凸関数に対して、**非凸関数**といいます。非凸関数では凸関数と異なり、必ずしも勾配降下法で最適解にたどり着けるとは限りません。なぜなら、最初にどの位置（解）から計算をはじめるかによってたどり着く場所が異なるからです。たとえば下図○の位置から計算を始めた場合、目の前の坂を下れば最小値に到達しますが、○の位置から計算を始めると手前の坂だけを下ってしまい、求められる解はあくまでその谷における最小値となります。このように、最適化により求めた解の中で、すべての解の中から本当にもっともよい解のことを**大域最適解**とよび、反対にある範囲の中だけでもっともよい解のことを**局所最適解**といいます。ただし、最新の研究では「ディープラーニングにおいては、ほどよい局所最適解に収束してもよい性能が得られる」とも言われており、従来の機械学習の常識が通用しない点もあります。

■ 大域最適解と局所最適解

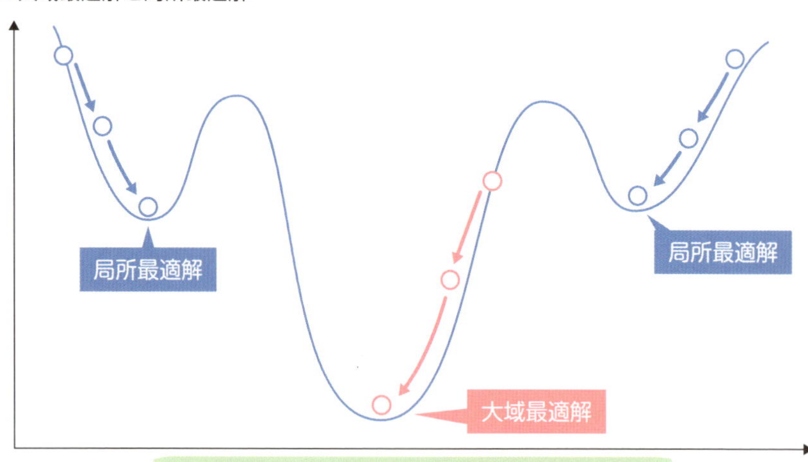

代表的な最適化アルゴリズム

最適化において考慮すべき問題には、局所最適解に加えて、**収束の速さ**と**学習率の設定**があります。収束の速さとはそのままの意味で、何回の探索で収束するかを指します。一方の学習率を端的に説明すると「探索における一歩の大きさ」です。一歩が小さすぎるといつまでたっても収束せず、一歩が大きすぎては最適解を通り越してしまうため、慎重に設定する必要があります。これらの問題を解決するために、これまでさまざまな最適化アルゴリズム（Optimizer）が開発されています。

■ さまざまな最適化アルゴリズム

SGD （確率的勾配降下法）	一つ一つの学習データで得られる損失関数の形が微妙に異なることを利用し、データの順番を入れ替えながらランダムに勾配降下法を適用、局所最適解に収束する確率を下げる。複雑な非凸関数には弱い。また学習率の設定が難しく、収束が遅い。
Momentum SGD	SGDに慣性の概念を加えたアルゴリズム。勾配を降りている方向に「勢い」を持つようになり、収束が早くなる。
Adagrad	今まで計算した勾配の合計でパラメータごとに学習率を変化させ、小刻みに探索したいパラメータは学習率を小さく、どんどん先を探索したいパラメータは学習率を大きくする。このことにより、効率的に探索する。
RMSprop	勾配の合計を指数移動平均で計算することで、より最近の勾配を重視したAdagradの改良版。
Adam	RMSpropとMomentum SGDを組み合わせたようなアルゴリズム。収束がとても早く、現在もっとも利用されているといってよい。

まとめ

- **モデルの最適化は損失関数の最小化**
- **「大域最適解の得やすさ」「収束の早さ」を目的とした、さまざまな最適化アルゴリズムがある**

39 勾配消失問題

ニューラルネットワークを学習する際には誤差逆伝播法を用いますが、その際に注意すべきが勾配消失問題です。この問題を解決するため、さまざまな手法が使われています。

勾配の伝播

Section37-38では、ニューラルネットワークを最適化するための方法を学びました。特にSection38では、最適化のためには関数を微分した値（勾配）が必要であることも学びました。ニューラルネットワークでは、この勾配が出力側から入力側に伝わっていきます。勾配は層を通過するたびに通過する層の勾配の影響を受けます。すなわち、層を通過するとそれまで伝わってきた勾配に層の勾配が掛けられていきます。

層の重みの最適化に使われる勾配のイメージとしては、自分の層の勾配に右側の勾配をすべて掛け合わせたものを考えるとよいでしょう。すなわち勾配×右側の勾配×もっと右側の勾配×もっともっと右側の勾配×…… という計算イメージになります。

■ ニューラルネットワークにおける勾配の逆伝播のイメージ

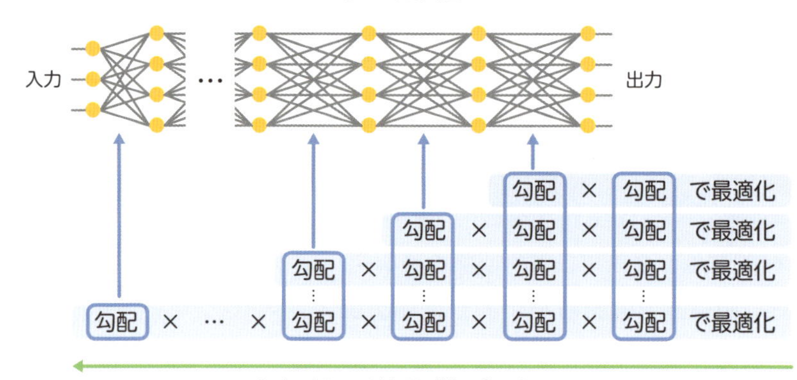

勾配のかけ算で勾配が消失する

勾配が掛け合わされることが、**勾配消失問題**の原因です。ニューラルネットワークは層が厚いほど複雑な特徴を見つけ出せるため、層が厚くなりがちです。しかし、層を厚くすればするほど、入力に近い層における勾配の計算は掛け算が多くなってしまいます。勾配の値として小さな値が続いた場合、その値が掛け合わされることによって、入力に近い層の勾配は非常に小さくなります。コンピュータが表現できる値の範囲は限られているため、勾配が非常に小さくなるとコンピュータ上ではゼロとして扱われる場合があります。いったん勾配がゼロになってしまうと、それより入力側に近い層においても勾配がゼロになってしまい、学習がうまく進みません。このように、小さな勾配が掛け合わされて最終的にゼロになる問題を、勾配消失問題と呼びます。たとえば、活性化関数の一つであるシグモイド関数の最大勾配は0.25で勾配消失が起こりやすくなっています。そのため、活性化関数にはシグモイド関数ではなく通常ReLU関数などを使うのが主流です（Section34参照）。

活性化関数以外で消失問題を起こりにくくする方法としては、適切に（Xavier, Heの初期値を使って）重みを初期化をする方法や、データの入力をバッチ正規化と呼ばれる方法で変換しておく方法などがあります。

■ シグモイド関数の勾配

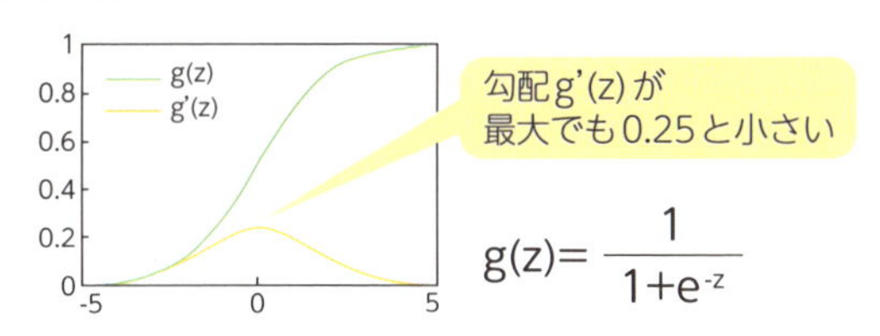

$$g(z)=\frac{1}{1+e^{-z}}$$

まとめ

- 勾配が掛け合わされることで、勾配消失が起こりやすくなる

40 転移学習

通常の機械学習では、ドメイン・データ・タスクが異なる場合は別々にモデルを作って学習を行う必要がありました。しかし転移学習を用いると、あるモデルを異なるタスクや領域に再利用できます。

転移学習とは

具体例として、新聞や雑誌の記事とTwitterのツイートをイメージしてください。文章を分析して話題を抽出するモデルを作るとして、記事とツイートでは文体に大きな違いがあることを考えると、通常は、記事またはツイートのどちらかに特化したモデルを別々に作る必要がありそうです。この場合、ドメインとデータが「記事とツイート」という区分において異なり、タスクが「話題の抽出」において同じだとわかります。ということは、記事を分析するようにに学習させたモデルを初期値とし、ツイートを分析するよう学習を行うだけで、ツイートの分析に特化したモデルを作成できれば効率的です。このように、既存モデルの知見を新モデルに移して学習する方法が**転移学習**です。

転移学習がうまくいけば、十分に学習の済んだモデルを再利用できるため学習にかかる時間が減少し、結果として学習終了時のモデル性能も向上することになります。「記事からツイート」のように、ドメインを変えて転移学習を行う方法は、**ドメイン適合**とも呼ばれます。

■ 転移学習

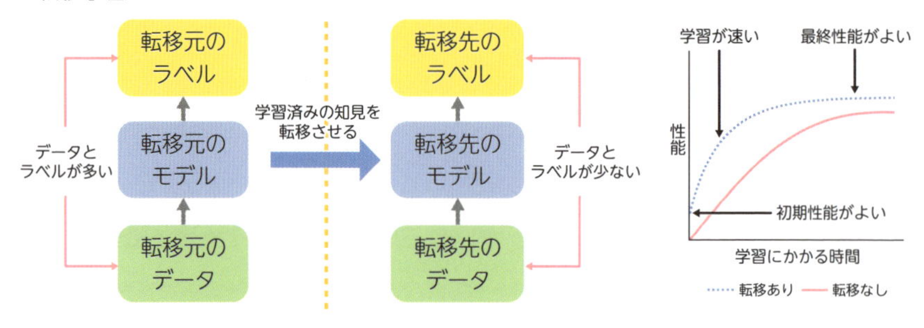

転移学習の方法（特徴抽出とファインチューニング）

・特徴抽出

従来の機械学習では、データから学習に有用な特徴を導出して、それを入力データとしていました。しかしディープラーニングでは、データ（たとえば画像の画素）をそのまま入れるだけで、正しい予測結果を出力します。この際、ディープニューラルネットワークの最後の層では、分類に有用な特徴量が伝わっていると考えられるため、最後の層を切り取って、代わりにSVMなどの従来の機械学習分類器をつなげても、うまく分類できます。

・ファインチューニング

画像認識を行うCNNにおいては、最初の層ではエッジなどの一般的な特徴を捉え、最後の層ではタスクによって異なった特徴を捉えていることが知られています。たとえば人の顔の分類と猫の顔の分類では、最初の層でエッジを捉え、あいだの層では耳や鼻や目などの特徴を捉え、最後の層では顔全体の特徴を捉えていると理解してください。このうち、最初の方の層で捉えられる特徴はタスクによって変わることはないため、一度学習をしてしまえば再度学習する必要はありません。しかし、最後の層で捉えられる特徴はタスクによって変わるため、学習をやり直す必要があります。このように、学習済みのモデルを使い、最後の方の層だけをタスクに合わせて学習し直す（微調整する）方法を**ファインチューニング**といいます。

■特徴抽出とファインチューニング

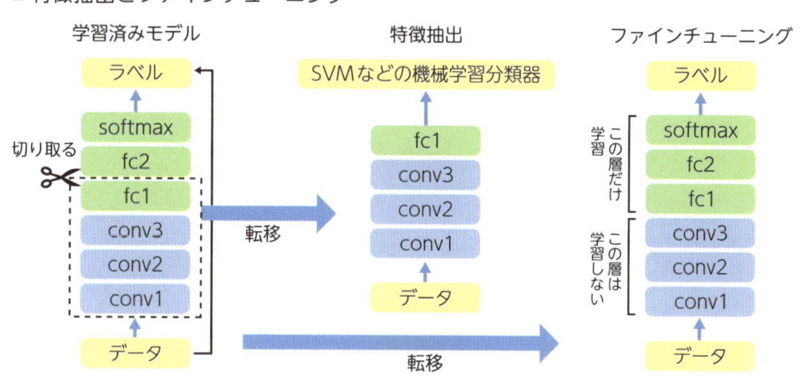

転移学習の課題と関連分野

転移学習には課題もあります。その一つが**負の転移(negative transfer)**です。通常の学習よりも性能のよいモデルを作るはずが、反対に性能の悪いモデルが作られてしまうケースを指します。転移元と転移先のタスクがそれほど似通っていないと、このような結果になる場合があるので注意しましょう。

さて、異なるドメイン間で転移学習を行う方法として、セクションの最初ではドメイン適合を紹介しました。以下では、ドメイン適合以外の転移学習方法を紹介します。転移学習の定義は明確ではないため、これらの方法は転移学習の関連分野として捉えられる場合があります。

・ドメイン混同(domain confusion)

ドメイン混同では、通常出力する値のほかに、入力したデータのドメインも出力します。クラシックとポップスという異なるジャンル(=ドメイン)の曲に対して、曲の感情(悲しい曲か、楽しい曲かなど)を分類するモデルを作るとします。ドメイン混同では、音声データを入力として、曲の感情だけでなく曲のジャンルを出力するモデルを作ります。次に、感情が正しく出力され、ジャンルの出力をわざと間違えるモデルになるようにモデルの学習を行います。このように、ジャンルを混同させることでモデルがそのジャンルに特化していくのを防ぎつつ、曲の感情を正しく出力するようにしているのです。

■ドメイン混同(ニューラルネットワークを使った場合の例)

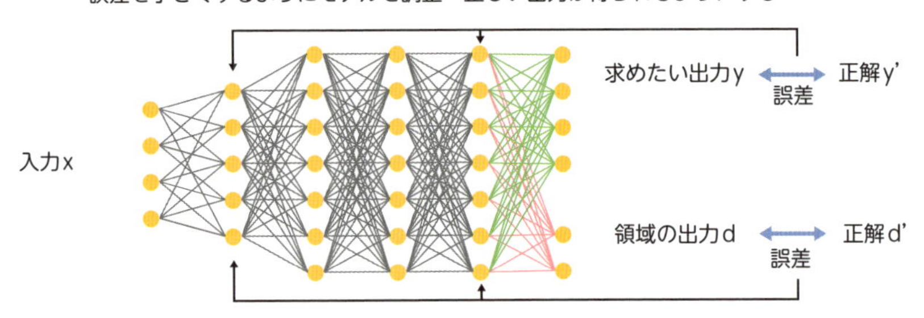

・マルチタスク学習

マルチタスク学習は、複数のタスクについて同時に学習を行っていきます。

これに対して通常の転移学習は一度特定のタスクについてのモデルを学習させ、その学習の結果を生かして他のタスクに応用していきます。

・One-shot学習

One-shot学習は、「一を聞いて十を知る」学習方法です。分類問題を考えてみると、現実世界に存在するすべての分類について十分なラベル付きデータを揃えることは不可能です。そのため、あるラベルについての訓練データが一つ（あるいは少数）しかなくても正しい出力ができるような学習方法が研究されています。さらに、特定のラベルがついた訓練データが存在しない場合にそのラベルを出力できるような、Zero-shot学習と呼ばれる方法も研究されています。

■ マルチタスク学習（ニューラルネットワークを使った場合の例）

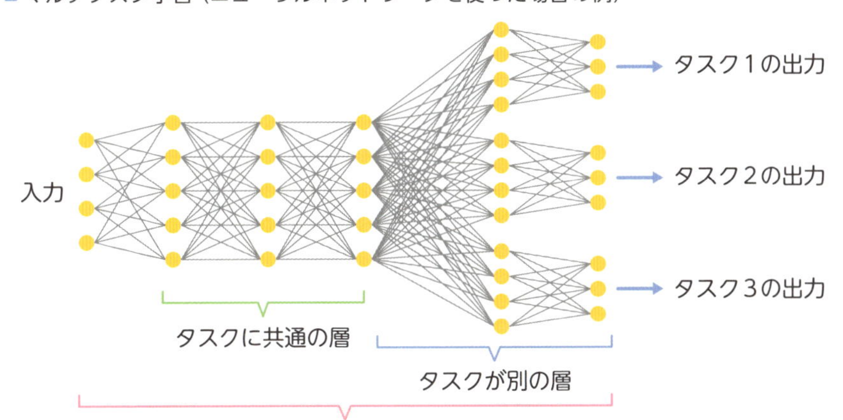

まとめ

- あるドメインに特化しているモデルを変化させて、別のドメインに特化したモデルを作ることができる

公開データセットと学習済みモデル

ディープラーニングには多くのデータを必要とするため、大規模なデータセットが多く公開されています（下表）。しかし、個人がディープラーニングを行う際には、一から学習を行うのが現実的でない場合があります。たとえば、画像の大規模データセットとして有名なImageNetは1,400万枚を超える256×256ピクセルの画像で構成され、100GB以上の容量があります。個人がディープラーニングを行うときには、データの学習以前に、そもそもこのような大規模データセットをダウンロードすること自体が現実的ではありません。そのため、有名なデータセットの学習済みモデルがすでにインターネット上に公開されています。このように公開されている学習済みモデルを使って転移学習を行うことは、ごく一般的です。

近年では、自然言語処理のタスクにおける転移学習が注目されています。2018年にBERT(Bidirectional Encoder Representations from Transformers)と呼ばれる自然言語のための汎用モデルが提案され、転移学習を用いることで高精度の予測結果を得ることができるようになりました。また、各言語のデータセットを用いた学習済みモデルも公開されています。日本語では、日本語Wikipediaのデータを用いたBERTの学習済みモデルが公開されています。

■主な公開データセット（★は日本製のもの）

画像	テキスト	音声
MNIST	IMDB Reviews	Free Spoken Digit Dataset
MS-COCO	Twenty Newsgroups	Free Music Archive (FMA)
ImageNet	Sentiment140	Ballroom
Open Images Dataset	WordNet	Million Song Dataset
VisualQA	Yelp Reviews	LibriSpeech
The Street View House Numbers (SVHN)	The Wikipedia Corpus	VoxCeleb
CIFAR-10	The Blog Authorship Corpus	★JSUTコレクション（東京大学）
Fashion-MNIST	Machine Translation of Various Languages	
	★自然言語処理のためのリソース（京都大学）	
	★青空文庫	
	★livedoor ニュースコーパス	

7章

ディープラーニングのアルゴリズム

ディープラーニングのアルゴリズムは非常に多く、また次々と新しいものが出てきています。ここでは、代表的なアルゴリズムのみを取り上げていますが、興味があればもっと調べてみるとよいでしょう。

41 畳み込みニューラルネットワーク（CNN）

畳み込みニューラルネットワーク（CNN）は、ニューラルネットワークの中でも画像などの多次元配列データ（行列・テンソル）に特化したモデルであり、画像認識などの分野で広く使われています。

なぜ配列データの処理が得意なのか

画像データは、モノクロ画像であれば縦横方向のマス目で表現される各ピクセルの輝度（明るさ）の2次元配列として表現されます。またカラー画像であれば、三原色である赤緑青（RGB）それぞれの輝度の3次元配列として表現されます。**畳み込みニューラルネットワーク（CNN）**は、このような多次元配列のピクセル同士の位置関係を保持して処理することが可能です。つまり、入力層で位置関係を保持したままデータを取り込むことができるため、後段の層でこの位置関係の情報を生かした処理を行うことができるのです。そのため、画像認識分野でよく利用されています。

■ CNNはピクセル同士の位置関係を保つ

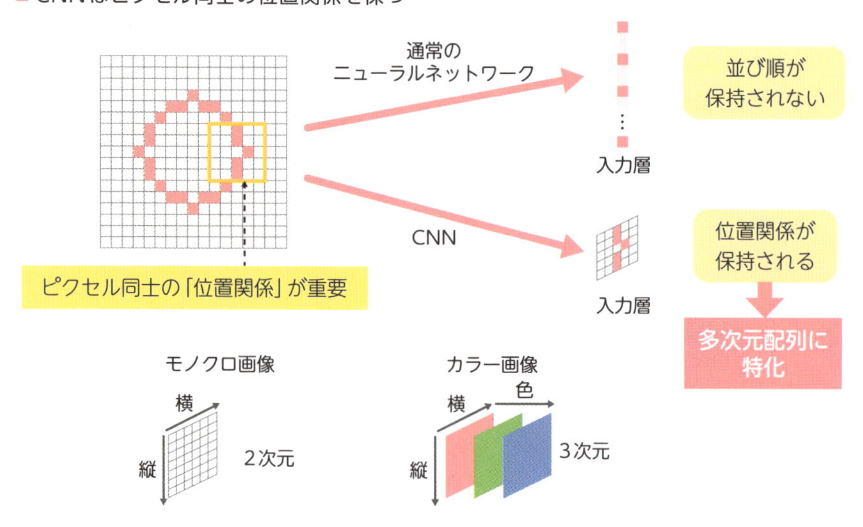

CNNの構成

CNNは主に**畳み込み層（Convolution Layer）**と**プーリング層（Pooling Layer）**、**全結合層（Full Connected Layer）**の３つの層から構成されます。一般的なCNNは、下図のように畳み込み層とプーリング層を交互に積み重ねた後、全結合層をいくつか重ねた構造をとります。前の部分では、画像の特徴を抽出することを繰り返します。一層だけでは単純な特徴しか抽出することができませんが、特徴を抽出して作成した画像に対してさらに同じ処理を行うことで、複雑な特徴を表現することができます。後の部分では、この抽出された複雑な特徴を特徴量として扱い、その組み合わせで予測や分類を行うといったしくみです。このようなCNNモデルを利用すれば、たとえばイヌ・ネコ・ヒトのうちどれかの画像を入力するとそのラベルを出力するようなアルゴリズムを作成できます。

■ CNNの基本構成

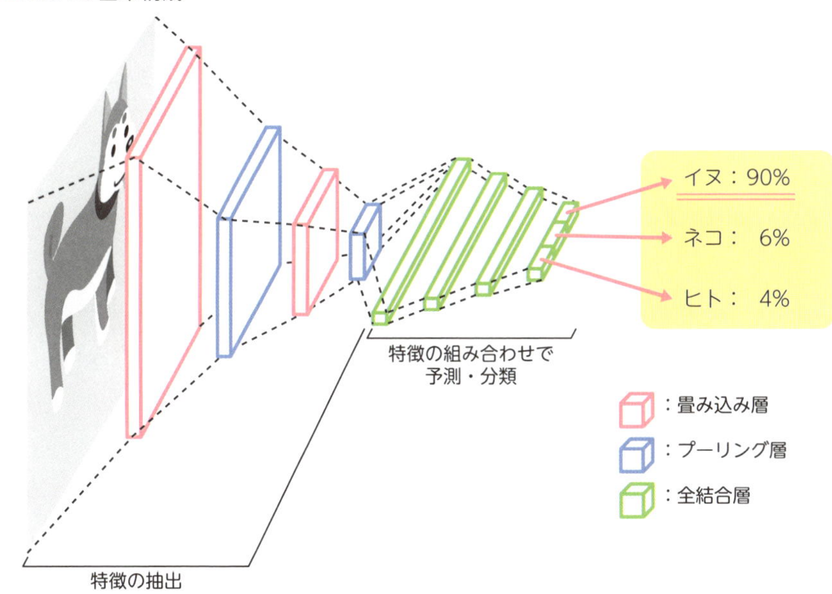

CNNのかんたんなプロセスと構造を知ったところで、次のページからは、それぞれの層の役割をより詳しく解説していきます。

畳み込み層の役割

畳み込み層では、畳み込みフィルタと呼ばれる、画像中の特定の形状に反応するフィルタを画像に掛けあわせる処理が行われます。これらのフィルタは、学習によってラベルの判別に有効な形状になっています。たとえば犬の画像を学習させたCNNであれば、犬の鼻や目、耳に反応するようなフィルタとなっているということです。ここに新しく画像を入力すると、畳み込みフィルタではその画像の1ピクセル単位ごとにフィルタをずらしつつ掛けあわせ、その結果を新しい画像に写す操作をします。この際、画像内に畳み込みフィルタと一致するような部分があれば、その部分が強調されて写されます。この特徴的な部分が強調された画像を、**特徴マップ**と呼びます。なお特徴マップは畳み込みフィルタの数だけ生成されるため、元が1枚の画像であっても得られる特徴マップは複数となります。

■ 畳み込みとは

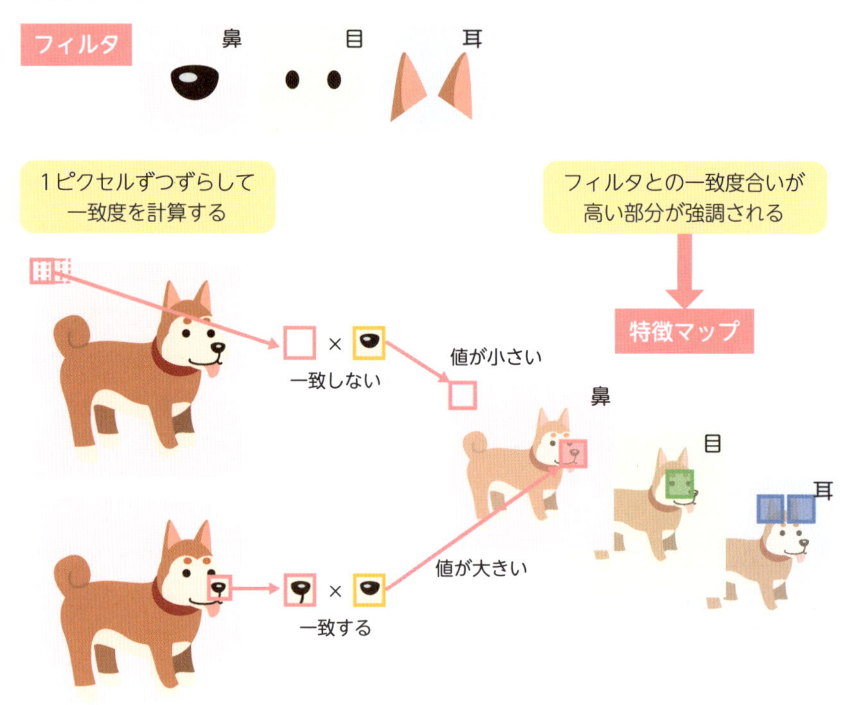

プーリング層と全結合層の役割

プーリング層では、あるサイズのウィンドウを画像のすべての部分にあてはめ、そのウィンドウの中から1つだけ値を抽出して新たな画像に写す操作をします。値の抽出方法にはいくつかの方法が存在しますが、多くのCNNモデルで利用されている**マックスプーリング（Max Pooling）**は、ウィンドウの中でもっとも大きい値を抽出するもので、下図はその例です。マックスプーリングを行うことで、4×4配列だったデータが2×2のデータに縮小され、かつそれぞれのウィンドウの中でもっとも大きな値が反映されていることがわかります。

■ マックスプーリング（Max Pooling）

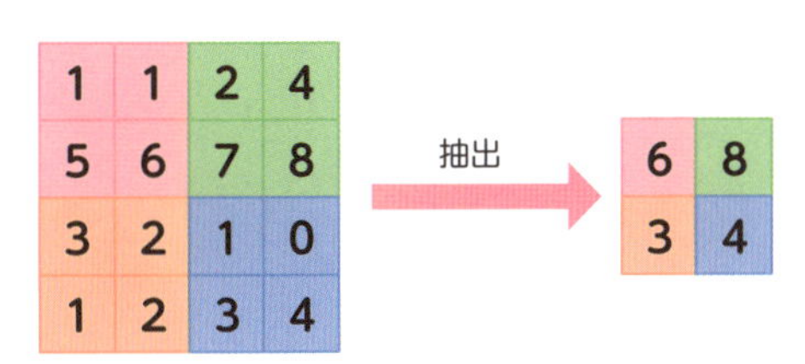

・配列が小さくなるためデータ量を削減できる

・プーリング層で複数ピクセルのデータをまとめることで、画像内の物体の位置や回転に対して柔軟に対応できる

最後に**全結合層**の説明です。全結合層は、通常のニューラルネットワークと同じ構造をとります。畳み込み層およびプーリング層の処理で得られた特徴マップを読み込み、これらに含まれる特徴量を抽出するのです。最終的には、出力層に予測や分類の結果を出力します。こちらも畳み込み処理と同様に、何層も積み重ねることでより複雑かつ有効な特徴量を利用した処理が可能です。

まとめ

- **畳み込み層ではフィルタを掛け合わせて特徴マップを生成する**
- **プーリング層ではウィンドウ処理によりデータを圧縮する**
- **全結合層では特徴量マップから特徴量を抽出し予測・分類する**

42 再帰型ニューラルネットワーク（RNN）

RNNは、データの順番を考慮して予測が行えることが特徴です。テキストデータや価格推移のデータは順番こそが重要であるため、RNNを利用する必要があります。最近では、テキストデータへの応用が特に進んでいます。

再帰型ニューラルネットワークとは

画像認識では画像一つ一つに独立して出力を行いますが、ときにはデータ1, データ2, データ3……という流れの系列データ（音声データやテキストデータなど）のすべてを入力として出力を行いたい場合もあります。たとえば語の予測を考えるケースです。「明日家族とピクニックに」の後の語を「行く」と予測するには、「明日／家族／と／ピクニック／に」という単語の系列を順番通り入力する必要がありそうです。このようなデータをニューラルネットワークで扱うには、①入力データの数が決まっておらず、②入力するデータ系列が長くても対応可能で、③データ系列の順番を保持できるようにしなくてはなりません。それを可能にするのが**再帰型ニューラルネットワーク（Recurrent Neural Network, RNN）**です。

■ 再帰型ニューラルネットワーク

順伝播型ニューラルネットワーク
ŷ
x

再帰型ニューラルネットワーク
感情は負
I
got
angry.
入力：データ系列
出力：データ単体
文から感情を出力

レ
ミ
ファ
ド
レ
ミ
入力：データ系列
出力：データ系列
音符から次の音符を予測

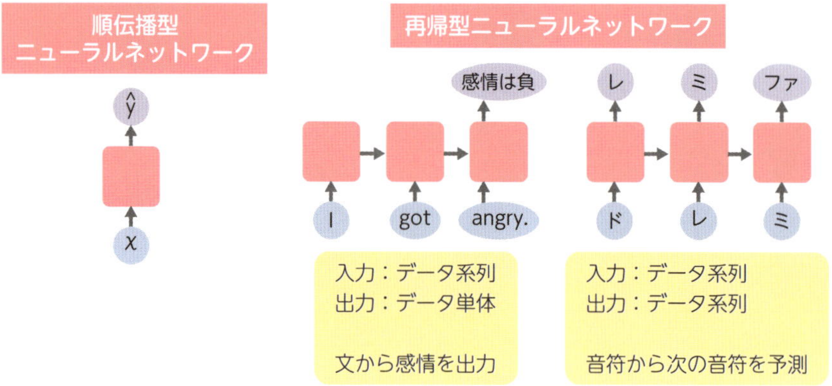

再帰型ニューラルネットワークの構造

左ページ下にある「順伝播型ニューラルネットワーク」の図と、このページの下にある「RNN」の図を見比べてください。RNNでは、データの情報を保持するためのループが追加されています。なお、ループでつながれているネットワークの部分をまとめて**再帰セル**と呼び、再帰セルが保持している状態のことを**内部状態**といいます。これを時間方向に展開すると、下図右のように鎖状に連結したネットワークとして描くことができます。

処理の流れを紹介しましょう。まず、x_0が再帰セルに入力され、内部状態h_0としてx_0の情報が記憶されます。そして、この内部状態をもとに$\hat{y}_0$が予測されます。次に、x_1が再帰セルに入力されます。内部状態h_1はh_0を引き継ぎつつ、新情報x_1も記憶します。この内部状態h_1をもとに$\hat{y}_1$が予測されます。さらに、x_2が再帰セルに入力され、内部状態h_2はh_1を引き継ぎつつx_2の情報を記憶し、この内部状態h_2をもとに$\hat{y}_2$が予測されます。この流れを早押しクイズで例えれば、読み上げられる問題文が入力$x_0, x_1, x_2, \ldots$、問題文を聞いて解答者が何を記憶しているかが再帰セルの内部状態$h_0, h_1, h_2, \ldots$、刻々と変わっていく解答者の解答予想が出力$\hat{y}_0, \hat{y}_1, \hat{y}_2, \ldots$といえます。

■ 早押しクイズでたとえるRNNのしくみ

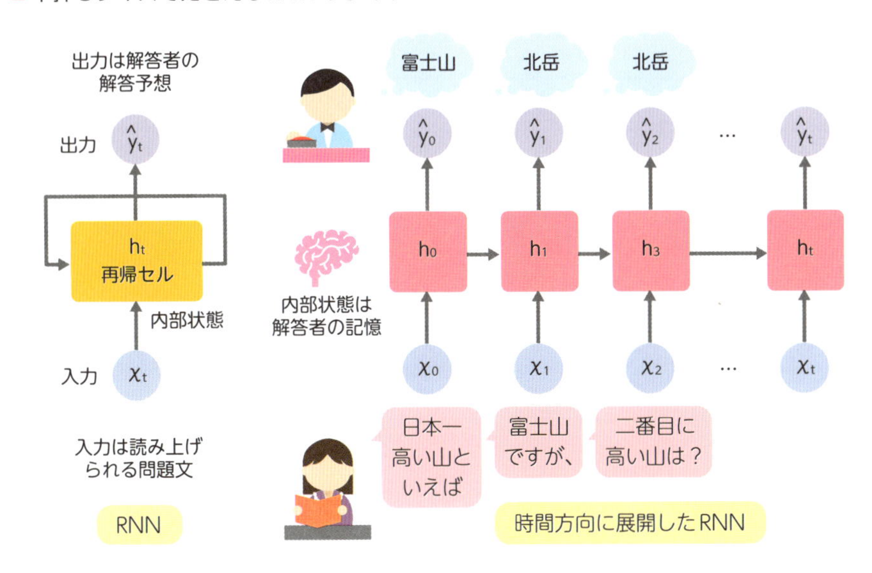

LSTMとGRU

通常のRNNでは時間方向の勾配消失問題が発生するため、誤差逆伝播がうまくいかずに学習が進みません。これにより、入力タイミングがずっと前のデータに着目した出力が行えなくなります。これを解決する方法の1つが**Long Short Term Memory (LSTM)**と呼ばれる構造のネットワークを用いることです。LSTMの再帰セルには、情報の伝わり方を調整するゲートが付いています。通常のRNNでは前の時間の内部状態と入力データを受け取って単純な計算を行うだけでしたが、LSTMは①前の情報をどれだけ切り捨て(忘却ゲート)、②新しい情報をどれだけ入力し(入力ゲート)、③情報をどれだけ出力するか(出力ゲート)を決める計算を行います。このため、セルの内部構造が複雑になっています。そのほか、LSTMの構造を単純にした**Gated Recurrent Unit (GRU)**と呼ばれるモデルもよく使われています。GRUでは、①情報をどれだけ切り捨て(リセットゲート)、②情報をどれだけ取り込むか(更新ゲート)の2段階の計算プロセスになっています。

■LSTM

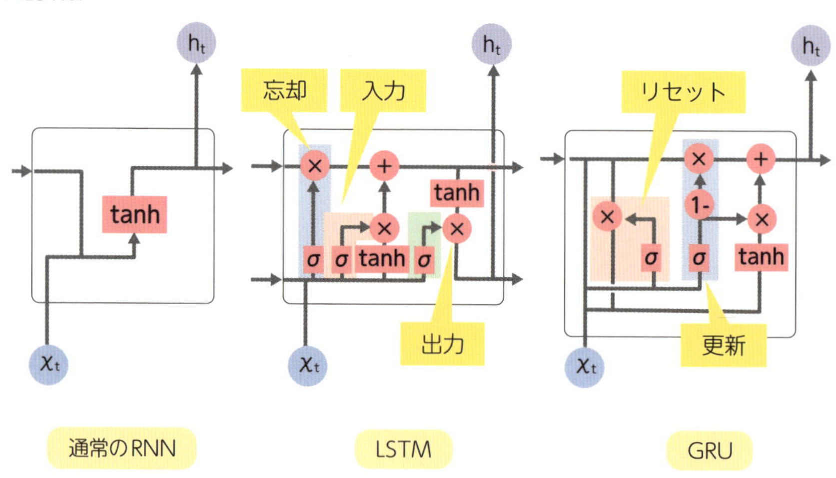

参照:https://towardsdatascience.com/understanding-lstm-and-its-quick-implementation-in-keras-for-sentiment-analysis-af410fd85b47

双方向RNNとSeq2Seqモデル

通常のRNNに存在していた勾配消失の問題は、LSTMの提案によって解決しました。LSTMがLong Short Term Memory（長期短期記憶）の頭文字であることからも分かる通り、LSTMでは比較的長い系列データを読み込んでも長期記憶を活かして予測を行うことができます。しかし、非常に長いデータの場合、LSTMであっても長期記憶ができずに最初の入力を忘れてしまう場合があります。**双方向RNN（Bidirectional RNN）**は、前からの予測だけでなく後ろからの予測をも可能にしたモデルです。データを最初から順番に読み込むだけでなく、逆順でも読み込むことで、予測精度の向上が期待できます。

その上で双方向RNNなどのRNNにおける新しい構造の提案は、自然言語処理のタスクの精度向上のためになされたといっても過言ではありません。特に機械翻訳は、RNNを導入したことによって大きく精度が向上しました。機械翻訳では、**sequence-to-sequence（Seq2Seq）**モデルを使うのが主流です。まず、単語の系列をRNN（Encoder）に入力します。すると、単語を入力し終えた後の内部状態は単語系列の情報をギュッと圧縮したものとみなせます。今度は、その内部状態を別のRNN（Decoder）の最初の入力として渡し、単語系列を出力させます。

■ 双方向RNNとSeq2Seqモデル

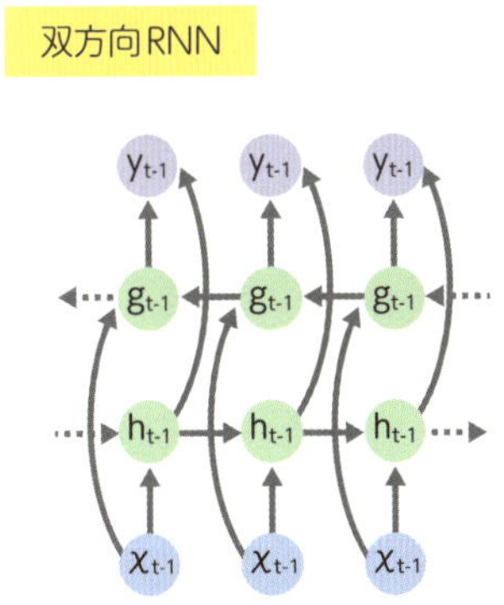

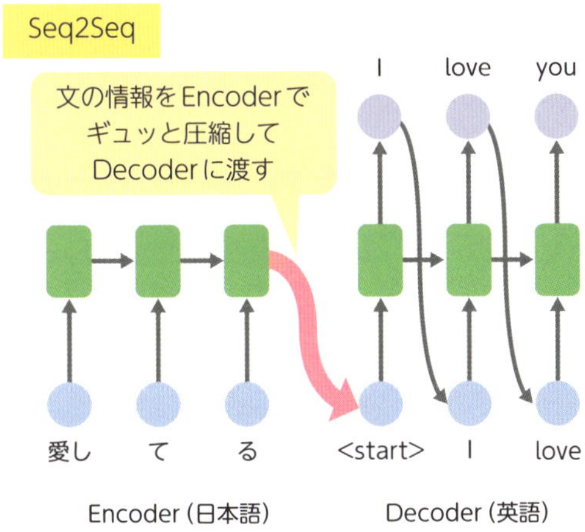

Attention と Transformer

前のページで紹介したSeq2Seqモデルでは、単語系列を一度RNN（Encoder）に入力して文の情報を圧縮した上で、その圧縮した情報を別のRNN（Decoder）を使って単語系列に戻していました。こうすることで、日本語と英語などの文法が類似していない言語同士であっても、ぎこちない逐語訳に陥ることなく翻訳ができるようになるのです。しかし、どうしても文の情報を最終内部状態1つに圧縮してしまうため、EncoderとDecoderの間に情報のボトルネックが生じてしまいます。そこで、単語系列を入力し終えていない内部状態もDecoderに入力する方法が提案されました。それが**Attention**機構です。Encoderの内部状態で着目すべき箇所を変化させながら単語の出力を行うため、翻訳精度を上げることができます。

さらに最近では、**Transfomer**と呼ばれるモデルが注目を集めています。TransformerにはEncoder—Decoderの関係を持った構造やAttentionは使われていますが、RNNは使われていません。Transformerは、Self-Attentionと呼ばれるしくみを持ちます。Self-Attentionは「ある単語が、文章中のどの単語と結びつきが強いのか」を明らかにするため、文脈判断の精度が向上しました。

■ Attention機構付きSeq2SeqとSelf-Attentionの可視化

Attention機構付きSeq2Seqモデル

最終状態以外の
内部状態も
Decoderに入力

I　love　you

愛し　て　る　<start>　I　love

Encoder（日本語）　Decoder（英語）

Self-Attention

itに関連の強い単語を、文脈に合わせて示すことができている

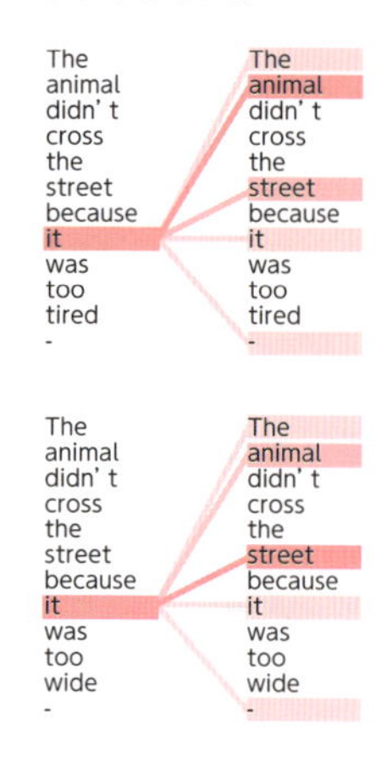

ELMoとBERT

RNNや自然言語処理に関連する話題として、**ELMo**, **BERT**をかんたんに取り上げます。なお、ELMoやBERTの名前の由来はアメリカの子供向け番組「セサミストリート」に登場するキャラクターから来ていると言われています。そう思うと、少し身近に感じますね。

・ELMo(Embeddings from Language Models)

単語の分散表現を思い出しましょう。分散表現は単語を数値の並びで表したもので、単語の意味をコンピューターに理解させるための表現方法であるともいえます。従来の分散表現は、単語と1対1の対応をなしていました。すなわち、文脈によって単語の実際の意味が変わっても、分散表現を変えるすべがないために、コンピューターは文脈による単語の意味の変化を捉えることはできませんでした。しかし、LSTMを基幹技術に使ったELMoにより、文脈によって分散表現を変えることが可能になりました。

・BERT(Bidirectional Encoder Representations from Transformers)

汎用言語モデルのBERTは、ELMoと同じように単語の分散表現を出力してくれます。BERTはRNNではなくTransformerを使っており、一般的にELMoよりも優れた分散表現を得られます。優れた分散表現が得られれば自然言語処理のタスクの精度が上がるため、BERTは自然言語処理のさまざまなタスクでSOTA(State of the Art, 最高水準)の成績を収めており、今後の活用が注目されています。

まとめ

- **RNNは系列データを順番に入力することができ、音声データやテキストデータなどに使うことができる**
- **LSTMは、RNNにおける勾配消失問題を解決した**
- **Seq2SeqやAttentionにより、機械翻訳の精度が向上した**

43 強化学習とディープラーニング

強化学習は、最近非常に注目されている技術です。2017年には、チェス、将棋、囲碁においてAlphaZeroと呼ばれるプログラムがこの技術を用い、数時間で人間を上回る能力を獲得したことが話題になりました。

行動の価値（Q値）

強化学習にはさまざまな学習のアルゴリズムがありますが、**モデルベース**と**モデルフリー**に大別されます。モデルベースは、「自分が置かれている状態において行動を取ったとき、環境がどのように変化し、どのような報酬を得られるか」を考えた上で行動を決定します。一方、モデルフリーでは環境については考えず「自分が置かれている状態において、どのような行動をとるのがよいのか」を経験的に学習します。このモデルフリーは、価値ベースと方策ベースに分けられます。価値ベースのアルゴリズムは、「ある状態においてある行動を取ることがどれくらいよいのか」という価値（行動のよさ）を推定します。かたや、方策ベースのアルゴリズムは「ある状態において、どのような行動をどのくらいの確率ですべきか」という対応関係を学習します。

■ さまざまな強化学習のアルゴリズム

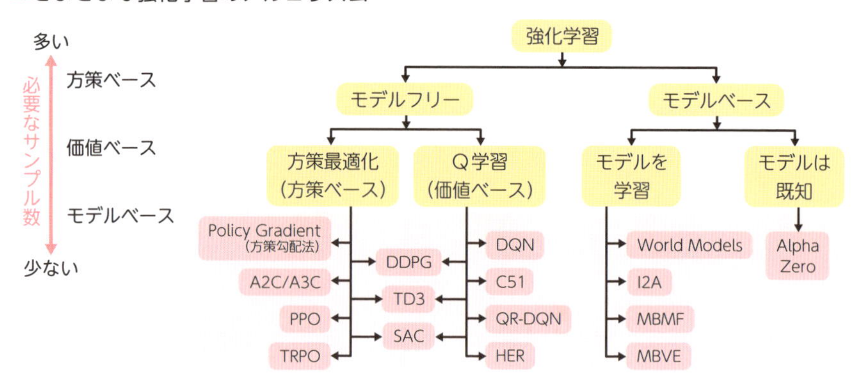

出典：https://spinningup.openai.com/en/latest/spinningup/rl_intro2.html

Q学習とDQN

Q学習は価値ベースの方法で、「ある状態においてある行動を取ることがどれくらいよいのか」という行動の価値を学習していきます。すなわち、（状態、行動）→行動価値の対応付けを更新していくことになります。下の表のマスの数は状態×行動の数を表したものですが、状態や行動の数が多ければマスの数は爆発的に増えてしまい、この表を記憶することは困難です。その問題を解決した**DQN**では、（状態、行動）→行動価値の対応付けの表を保持する代わりに、状態を入力すると各行動に対する行動価値が出力されるようなニューラルネットワークを学習させます。実際のDQNは、表をニューラルネットワークで置き換えるだけでなく、さまざまな工夫がなされています。その1つがExperience Replayです。行動、行動前後の状態、報酬を記録しておき、その記録を何度も学習に活かすことができます。

ビデオゲームにDQNを適用させる場合、状態はビデオゲームの画面に、行動はゲーム機のどのボタンを押すかに対応します。また、ネットワークには画像の認識に優れたCNNを採用します。実際に、Atari 2600と呼ばれるビデオゲームの一部では、DQNを用いた学習で人間を凌駕したスコアを取ることがわかっています。

■ Q学習とニューラルネットワーク

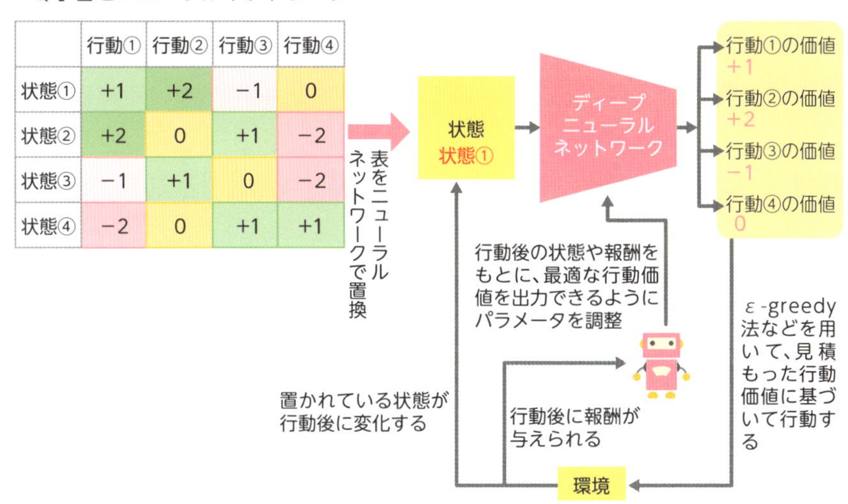

	行動①	行動②	行動③	行動④
状態①	+1	+2	−1	0
状態②	+2	0	+1	−2
状態③	−1	+1	0	−2
状態④	−2	0	+1	+1

ε -greedy法

Q学習では、「この行動をとるとどれくらい価値があるのか」という行動価値を学習していきます。そして、行動主体（エージェント）はその行動価値を見て、行動を選択していきます。このときの行動選択の方法として、**ε -greedy法**がよく用いられます。ε -greedy法とは、1−εの確率で価値が最大になる行動を選択し、εの確率で行動をランダムに選択する方法のことです。価値が最大の行動を常に選択する（greedy法）のではなく、たまにはデタラメに行動を選択する（ε -greedy法）のがよい方法とされています。

なぜ、この方法がよいのでしょうか？　それは、行動をデタラメに選ぶ機会が全くないと新しい行動の可能性が開けず、その機会が多すぎると学習の効率が悪くなる（活用と探索のトレードオフ）からです。たとえばAとBという2種類のくじを何回も引くとして、くじを引いているうちに（Aから）初めてあたりが出たとします。この時点では、Aからあたりが1本出ていますが、Bからはあたりが出ていないため、Aを引く価値 ＞ Bを引く価値 となります。ここで価値が最大の行動を常に選択する方針を取ると、常にAのくじを引き続けることになります。Bからあたりが出るかもしれないのに、Bのくじを全く引かないのは得策とはいえませんね。たまには価値が最大でない行動をデタラメに選ぶ必要がある、というのは、このようなことです。

■ ε -greedy法

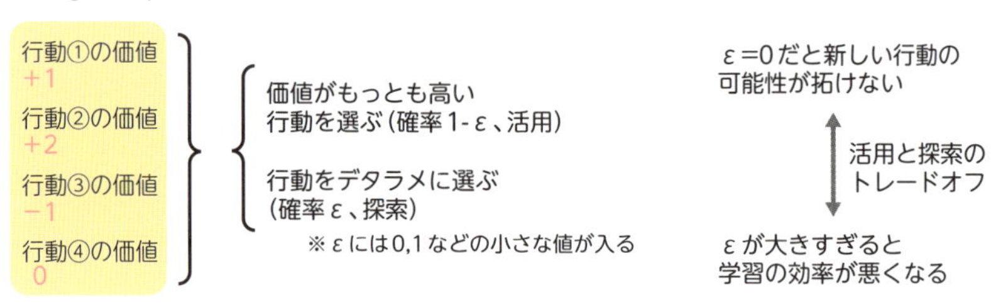

方策勾配法

次は、行動価値を推定するQ学習とは異なる**方策勾配法**を紹介します。方策勾配法は行動価値ではなく、ある状態において「どのような行動をどのくらいの確率ですべきか」を求めます。行動は確率によって決まる（常に同じ行動をとるわけではない）ので、ε-greedy法を適用する必要がありません。価値ベースのQ学習では、とりうる行動の数が非常に多くなるとうまく学習できません。加えて、Q学習は行動を確率的に決めることはできません。これらの問題を解決するためには、方策ベースの方法を用います。方策ベースの方策勾配法の出力は、各行動を行う確率です。状態が入力で、ディープニューラルネットワークは各行動を行う確率を出力することになります。方策勾配法の代表的なアルゴリズム**REINFORCE**ではまず、行動をくり返して、状態・行動・報酬のデータを収集します。データを収集したら、高い報酬を得ることにつながった行動の確率を高くし、低い報酬を得ることにつながった行動の確率を低くしていきます。訓練データを学習している間は出力結果が不安定になりやすいものの、安定した出力結果を得るまでの時間は短く、それが方策勾配法の長所といえます。一方、学習に多くのデータを必要とする点は短所です。

■ 方策勾配法（ニューラルネットワークを用いた例）

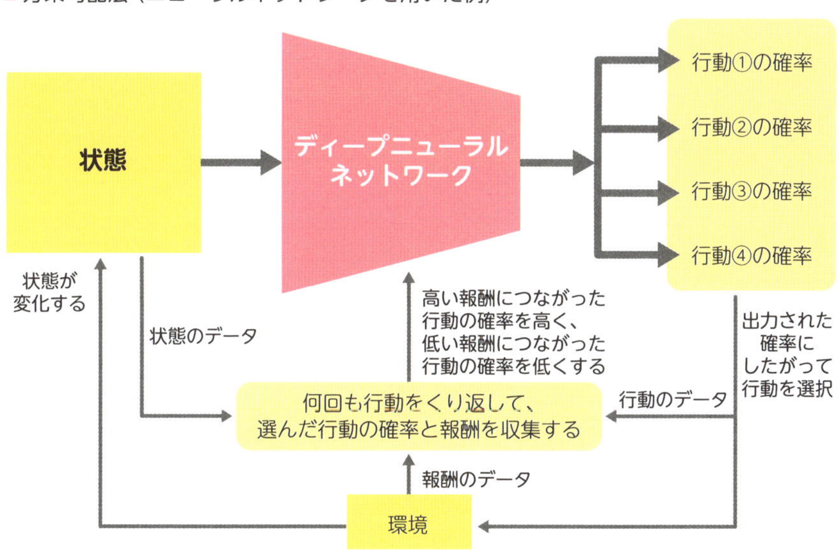

Actor-Critic

Actor-Criticは、価値ベースと方策ベースの手法を組み合わせます。なお、Actor-Criticはニューラルネットワークを必ずしも用いる必要はありませんが、ここではニューラルネットワークを用いた例で説明します。

方策ベースのActorでは、状態を入力として各行動の確率を出力するニューラルネットワークを、価値ベースのCriticでは状態を入力として状態価値（いまその状態にあるのが、どれだけ有利なのか）を出力するニューラルネットワークを組みます。Criticは状態価値を算出します。Actorの行動によって与えられた報酬と、Criticが算出した状態価値の情報をもとに、ニューラルネットワークのパラメータを更新していきます。A3C (asynchronous advantage Actor-Critic), A2C (advantage Actor-Critic)と呼ばれる手法ではこのActor-Criticのアルゴリズムを並列で動かすことによって学習効率を高めています。

■ Actor-Critic（ニューラルネットワークを用いた例）

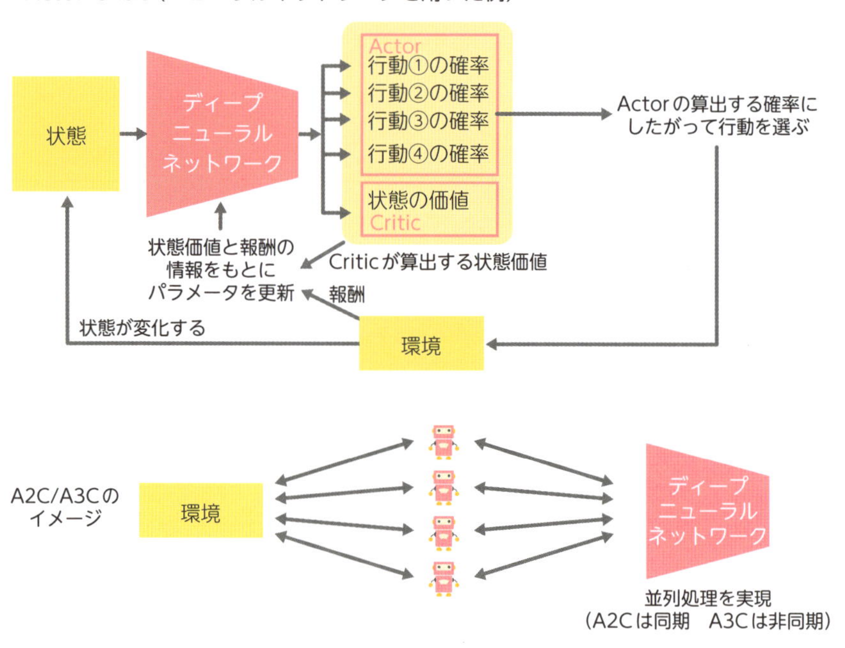

強化学習が体験できるOpenAI Gym

ここまで一通り、強化学習の基本を学んできましたが、興味のある人は強化学習のシミュレーション用プラットフォーム「**OpenAI Gym**」にアクセスしてみるとよいでしょう。公式ドキュメントとしてさまざまなチュートリアルが掲載されているので、実際に動かしてみると強化学習の面白さがよくわかります。また同プラットフォームには、強化学習を用いて台車を丘の頂上に登らせるゲームから、ブロック崩しのような定番ゲームもプレイすることができ、楽しみながら強化学習を体験できます。自作のゲームを作ることも可能なので、経験を積んだら、ぜひ公式ドキュメントなどを参考に挑戦してみてください。

■ OpenAI Gym

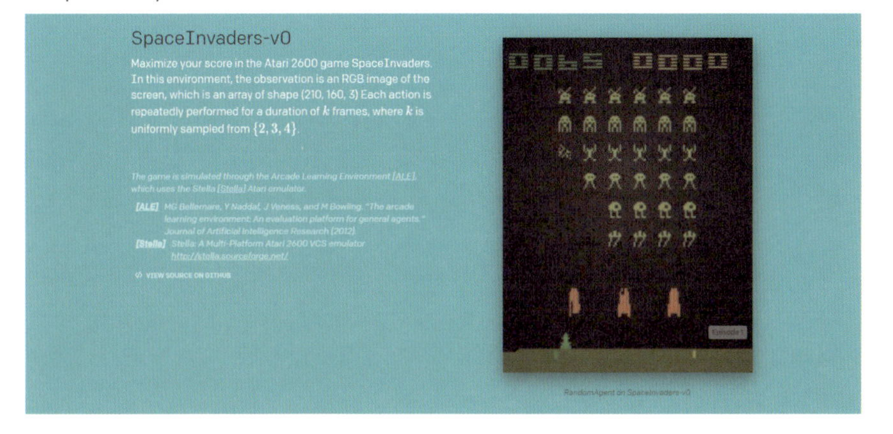

https://gym.openai.com/

まとめ

- **強化学習の代表的なアルゴリズムには、Q学習、方策勾配法、Actor-Criticがある**

44 オートエンコーダ

オートエンコーダ（Autoencoder）は、入力データと出力データが同じになるように学習させるニューラルネットワークです。単純なしくみですが、データの次元削減のほか、ノイズの除去や新しいデータの生成にも利用できる興味深いアルゴリズムです。

オートエンコーダとは

オートエンコーダは、教師なし学習のニューラルネットワークです。オートエンコーダの大きな特徴は、「入力したデータと同じデータが出力される」というニューラルネットワークを作るのが目的であることです。通常であれば、入力したデータがそのまま出力されるようなモデルは、そのまま利用しても価値がありませんが、オートエンコーダではその「中間層」に注目します。

オートエンコーダのニューラルネットワークは、入出力層よりもノードの少ない中間層を持ちます。ノードが少ないということは表現できる情報量が少ないということです。例として、入出力層と1層の中間層からなるオートエンコーダを考えると、下図のようになります。このモデルが入力と同じ出力をするように学習するときには、この中間層が「ボトルネック」となって情報をそのまま伝えることはできません。

■ オートエンコーダの構造

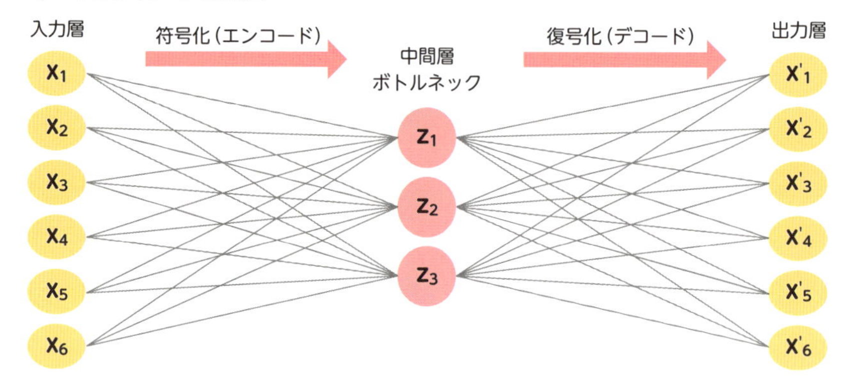

符号化（エンコード）と復号化（デコード）

情報をそのまま伝えられないとなると、「中間層が表現できる情報量」という制約が生まれることになります。その中でモデルは、なるべく出力層に入力層のデータが復元されるように学習を行います。言い換えれば、いかに同じデータを少ない情報量で表現するかを学習するのです。これは次元削減（Section32参照）をニューラルネットワークで行っているといえます。つまり、オートエンコーダは次元削減のアルゴリズムとして利用することができるのです。このようにして得られるボトルネックでの各ノードのデータのことを、**潜在変数**と呼びます。なお入力層からボトルネックまでの部分では、ノードが減少していくためデータが圧縮されます。この部分の処理のことを、**符号化（エンコード）**と呼びます。反対にボトルネックから出力層までの部分では、潜在変数から元のデータが復元されます。この部分の処理のことを、**復号化（デコード）**と呼びます。このようにエンコードとデコードを連ねることで、自動で最適なエンコード方法を学習していく過程が、オートエンコーダ（自己符号化器）というアルゴリズム名の由来です。

■ オートエンコーダによる次元削減

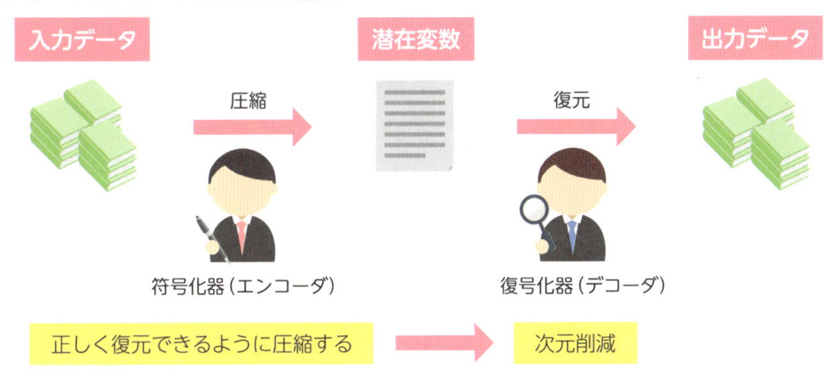

オートエンコーダで次元削減を行う場合には、モデルのエンコード部分のみを切り出し、潜在変数を出力層として取り出すだけです。潜在変数がそのまま圧縮されたデータとなります。またオートエンコーダの「情報を圧縮する」特徴を活かして、次ページのようなものが開発されています。

さまざまなオートエンコーダ

オートエンコーダは、より効率的な学習を行うためにさまざまな改良が行われています。

CAE (Convolutional Autoencoder) は、画像の学習に適したオートエンコーダです。畳み込みニューラルネットワーク（CNN）は画像の特徴を捉えるのに適していることが知られていますが、オートエンコーダにおいてもそれは同じです。オートエンコーダの符号化器の部分は畳み込み層とプーリング層で構成され、復号化器の部分は畳み込み層とアップサンプリング層（画像サイズの拡大をする層）で構成されています。

DAE (Denoising Autoencoder) は、元のデータにノイズを加えたものを入力とし、ノイズを取り除きながらデータを再現していきます。通常のオートエンコーダよりも入力データのノイズや変化に強くなる（頑健性が向上する）ため、より高い再現が得られると考えられています。

■ CAE（上段）、DAE（下段）のネットワーク構造

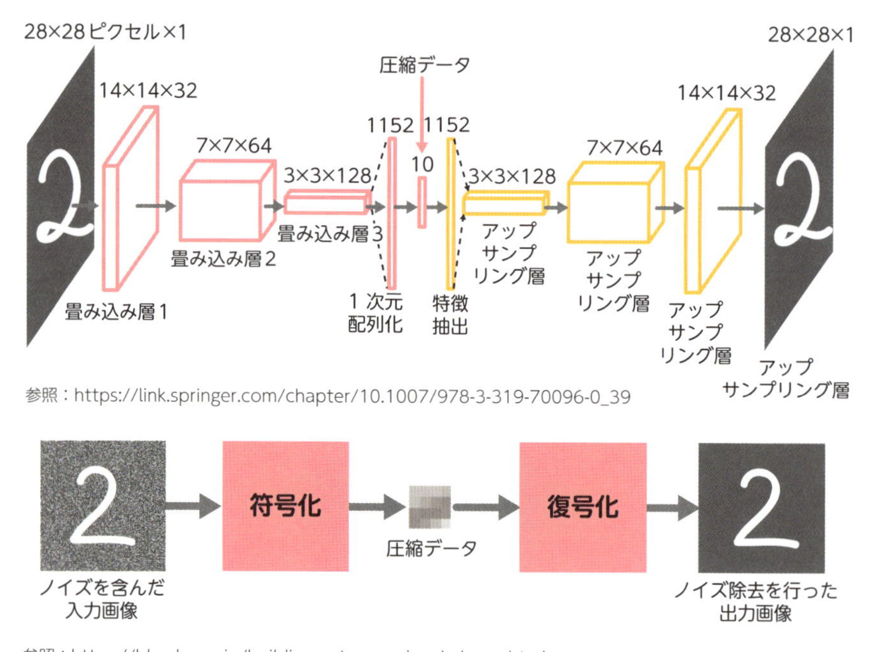

参照：https://blog.keras.io/building-autoencoders-in-keras.html

VAE (Variational Autoencoder)

これまで紹介したオートエンコーダは、入力データと同じデータを出力することしかできませんでした。しかし、**VAE (Variational Autoencoder)** では、入力データと少し違ったデータを出力できます。通常のオートエンコーダとは異なり、VAEは中間層で圧縮された特徴の平均と分散を算出します。そして、その平均と分散を利用して中間層の新しい特徴データを作り、新しいデータの出力を目指すのです。たとえば、人間の全身画像データを入力すると、中間層の特徴として身長の平均と身長の散らばり具合が算出されるため、それをもとにさまざまな身長の画像を出力することができる、と理解するとわかりやすいかもしれません。実際にVAEを使って生成した画像を見ると、さまざまな角度から見た顔の画像の生成に成功していることがわかります。

■ VAE

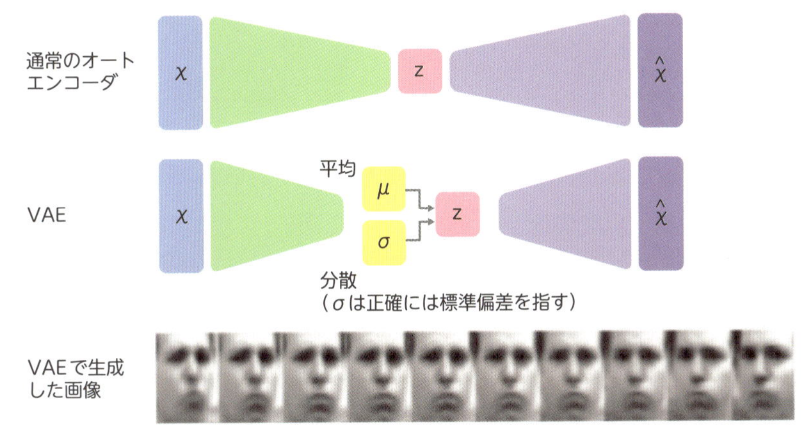

参照：http://introtodeeplearning.com/materials/2019_6S191_L4.pdf

まとめ

- オートエンコーダは次元削減を行うことができる
- VAEは新たなデータの生成を行うことができる

45 GAN（敵対的生成ネットワーク）

GANは、ディープラーニングがデータの予測や分類だけでなく「生成」もできると実証した、画期的なアルゴリズムです。実際にはない画像を生成したり、画像の内容を「足し引き」したりすることができます。

存在しないデータを生成する

GAN（敵対的生成ネットワーク）は、教師なし学習のアルゴリズムです。データを学習することで、あたかも実在しそうな画像などのデータを生成できます。この能力は、従来コンピュータが持たないとされてきた「創造性」に近く、また汎用性も高いため、機械学習・ディープラーニング以外の分野でも注目を集めているアルゴリズムです。

GANは下図のように、2つのニューラルネットワークがつながっているような構造をしています。この2つはそれぞれ**生成器（Generator）**と**識別器（Discriminator）**と呼ばれます。GANが存在しないデータを生成する方法はしばしば、「偽札を作る偽造者」と「偽札を見抜く警察」にたとえられます。偽造者＝生成器は警察に見抜かれないようにより精巧な偽札を作ろうとし、警察＝識別器は本物のお札と偽札をうまく見抜けるようにします。競い合いをくり返せば、偽造者は限りなく本物に近い偽札を作成できるようになっているでしょう。この競い合いに当たるのが、GANの学習なのです。

■ GANは偽造者と警察？

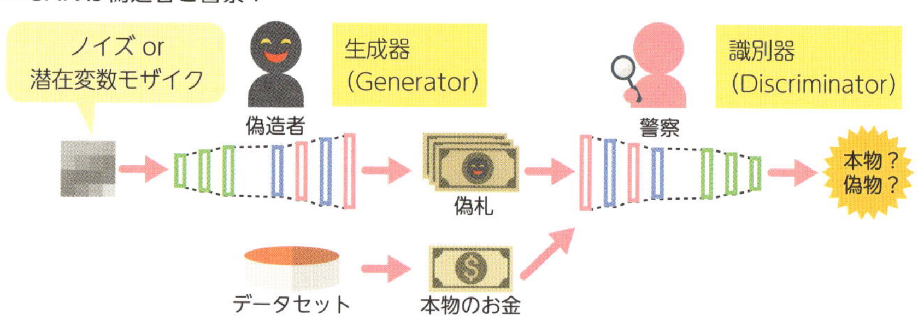

「認識」と「生成」

GANが学習を通して行っていることは、事象の「**認識**」と「**生成**」であるといえます。ここでの認識とは、たとえば画像のような実物のデータを、色合いや形といった抽象的なデータに変換することです。一方で生成とは、抽象的なデータを元に、実物のようなデータを作り出す操作を指します。この際、実物のデータを「**観測変数**」、抽象的なデータを「**潜在変数**」と呼び、GANにおいては識別器が認識を、生成器が生成を行います。

とはいえ、生成器は何の入力もなしにデータを生成できるわけではありません。なぜなら、生成器の内部に変化がなければ、出力されるデータにもまた変化がないためです。したがって、GANの学習を行う際、生成器にはノイズを入力します。これはランダムな値を入力することで、さまざまなパターンのデータを生成させるためです。また、学習済みの生成器で新たなデータを生成したい場合には、ノイズではなく潜在変数を入力することもできます。入力する潜在変数を指定すると、生成するデータの内容をある程度指定できます。

■「認識」と「生成」

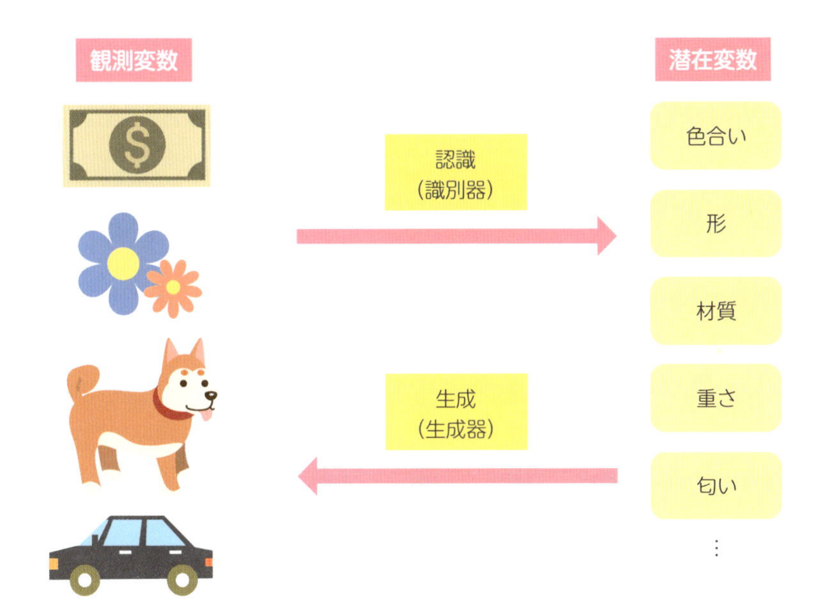

GANの可能性と課題

・実在しないデータの生成

GANでは実在しないデータを生成できます。たとえば下の例では、実在しないベッドルームの写真を大量に生成しています。実在しないデータを生成すること自体は従来の技術でも可能でしたが、このように高解像度なものではありませんでした。従来より具体的で詳細なデータを精度よく生成できるという点で、GANには大きな可能性があります。

■実在しないベッドルーム

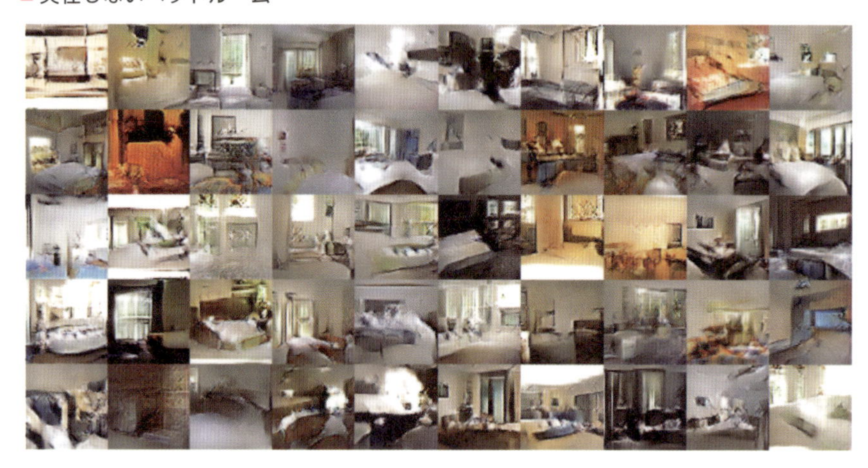

出典：https://arxiv.org/pdf/1511.06434.pdf

・データ属性の演算

GANでは学習したデータの属性を足し引きして新たなデータを生成することもできます。右ページ上の例では「笑っている女性」から「女性」という属性を減算し、そこに「男性」という属性を加算することで、「笑っている男性」の画像を生成しています。またほかにも、「サングラス」という属性を足し引きすることで「サングラスをかけている男性」の画像から「サングラスをかけている女性」の画像を生成するといったことも可能です。

■「笑っている女性」-「女性」+「男性」=「笑っている男性」

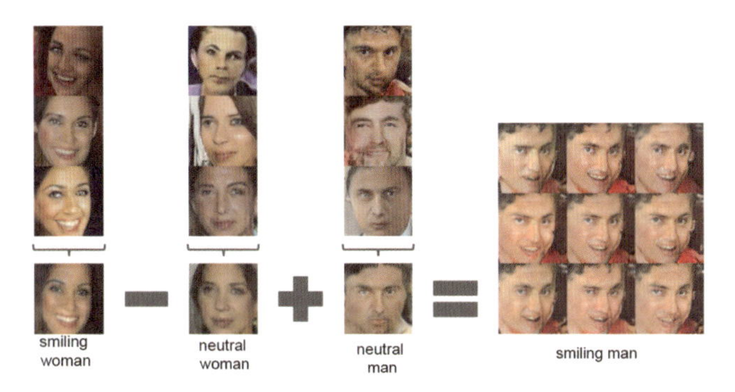

出典：https://arxiv.org/pdf/1511.06434.pdf

・文章データの文字起こし

GANは、自然言語処理アルゴリズムと組み合わせることで、状況を文章で記述するだけでそれを画像に起こすことができます。たとえば、鳥の羽や胸の色を文章で指定するとそれに沿った画像を生成する、といったことが可能です。

このように、GANはさまざまな分野で高いパフォーマンスを発揮しますが、実用にあたって課題もあります。その1つとして、**学習時の不安定さ**があります。GANは2つのニューラルネットワークが互いの学習を促しているという性質上、そのパワーバランスが重要となるためです。どちらかの性能が優位過ぎる場合は生成器が無意味な画像を生成したり、学習の方向性によっては生成されるデータが偏ってしまう（**モード崩壊**）場合があります。こういった場合、それぞれのニューラルネットワークのパラメータをチューニングし、バランスを適切にする必要があります。

まとめ

- **GANは存在しないデータを生成できる**
- **生成器と識別器のパワーバランスがカギとなる**

46 物体検出

画像の中に何が写っているかを認識する技術を物体検出と言います。ここでは物体検出アルゴリズムの進歩の流れと最新のアルゴリズムの特徴について説明します。

物体検出とは

物体検出とは、画像の中から特定の物体のラベルやその位置を検出することです。一般的には、画像の中に下図のような「**バウンディングボックス**」という矩形の区切りを生成し、その中に含まれる物体のラベルを出力する、というタスクを行います。

Section41で解説した画像認識であれば、主に画像に含まれている物体のラベルを推測するタスクを行いますが、物体検出ではこれらに加えて**位置特定**を行う必要があります。物体検出アルゴリズムそのものは、十数年前に登場したデジタルカメラの顔検出機能の時代から利用されていました。しかし現在では、技術の進歩によって飛躍的に性能が向上し、多くの分野で活用されるようになっています。

■ 物体検出とは

物体検出技術の進歩① (sliding windowmethod+HOG特徴量)

物体検出では、「どこに注目するか」を決定する**注目領域の決定**と、**物体のラベルを推測**する2つのタスクを行う必要があります。それぞれ、今日までさまざまなアルゴリズムが提案されており、代表的なものを以下に挙げつつ、進歩の流れを解説していきます。

・sliding window method+HOG特徴量

画像のどこに注目するかを考えるうえで、もっともかんたんな方法は「すべての部分に注目する」ことです。**sliding window method**では、画像の全領域にいくつかの大きさのウィンドウ(枠)をスライドさせながら、すべての領域を網羅するように画像を切り抜き、それらすべてのラベルを推測します。すべての領域を網羅するため、理論上は物体の切り抜き漏れがありません。しかし、実際にすべての領域をさまざまなパターンの切り抜きで網羅するためには膨大な計算量が必要となるため、以降の研究では、いかにこの計算量を削減するかが大きなテーマとなりました。

またこの時期のラベル推測には、切り抜いた領域から計算したHOG(Histograms of Oriented Gradients)特徴量をサポートベクターマシン(SVM)で分類する手法量が利用されていました。これは比較的軽い計算負荷の手法でしたが、のちにディープラーニングを利用したアルゴリズムに代替されていきました。

■ sliding window method+HOG特徴量

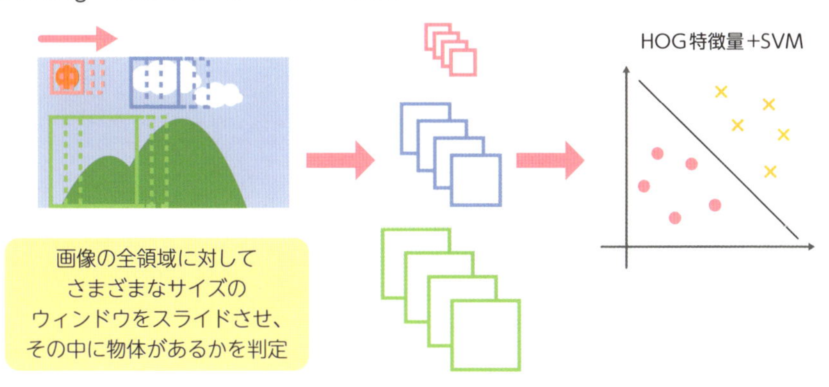

物体検出技術の進歩② (region proposal method + CNN)

・region proposal method + CNN

region proposal methodは、sliding window methodで計算量が膨大になってしまった反省から、あらかじめ「物体がありそう」な領域（region）をアルゴリズムに提案（propose）させるアルゴリズムとして登場しました。物体がありそうな部分のみ切り抜くことが可能で、推測する計算量を削減できます。また、ラベルを推測するアルゴリズムも、ディープラーニングアルゴリズムの一種である畳み込みニューラルネットワーク（CNN）が利用されるようになり、物体検出精度は大きく向上しました。

しかし問題点もありました。そもそも「物体がありそう」かどうかを判断する精度がそこまで高くないことです。また、region proposal method自体もいまだそれなりの計算量を必要とし、解決すべき課題として認識されることになります。代表的なアルゴリズムとして、R-CNN、Fast R-CNNなどがあります。

■ region proposal method + CNN

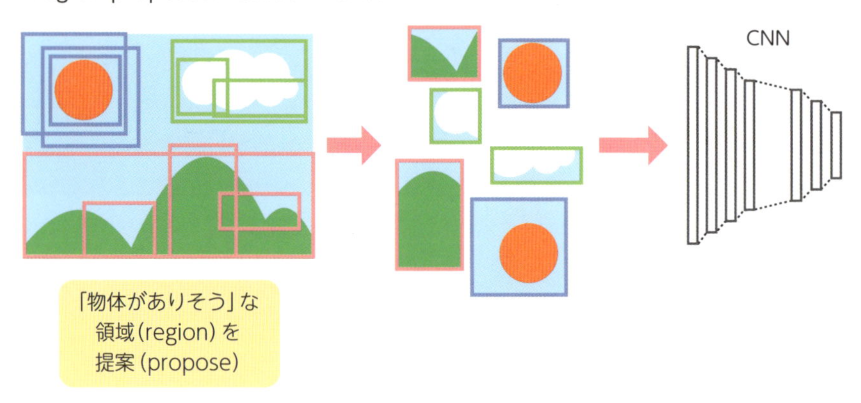

物体検出技術の進歩③ (end-to-end)

・end-to-end

最後に解説するのは**end-to-end**です。近年の物体検出アルゴリズムは、注目領域決定とラベル推測のタスクを1つのニューラルネットワークで行うものが主流となっています。今までは画像1つに対してたくさんの切り抜きを行い、その後にラベル推測をしていましたが、このアルゴリズムでは画像を1つ入力するだけで物体検出が可能となりました。これは、単に2つのアルゴリズムが1つになっただけではありません。注目領域決定とラベル推測をひとつながりの処理としてニューラルネットワークで最適化することができるため、より高速で高性能な物体検出を実現することができるのです。代表的なアルゴリズムとして、Faster R-CNN、YOLO、SSDなどがあります。

ここまで物体検出アルゴリズムの進歩の流れを紹介してきましたが、実装する際にはどのアルゴリズムを利用するかを決定する必要があります。③end-to-endがもっとも新しく、また多くのタスクにおいて高い性能を発揮すると言えるため、基本的にはend-to-endに類するアルゴリズムを利用するとよいでしょう。

そのほか、end-to-endの代表的なアルゴリズムとして、下図の3つがあります。一般に物体検出における識別精度と処理速度はトレードオフの関係にあるため、求めている性能からアルゴリズムを選択することが望ましいと言えます。

■ 物体検出アルゴリズムの特徴比較

	識別精度	処理速度
Faster R-CNN	◎	△
SSD	○	○
Yolo	△	◎

物体検出アルゴリズムの学習に利用するデータセットは、物体のラベルに加えてバウンディングボックスの情報が必要となるため、画像認識などと比べてデータセット作成の負荷が大きいといえます。様々な企業や団体から物体検出に対応したデータセットが公開されているため、アルゴリズムの性能確認には面白そうなものを利用してみるとよいでしょう。

・Open Images Dataset

Googleが公開している汎用のデータセットです。V5（バージョン5）現在で1500万以上のデータが利用可能です。またデータセットの一部はバウンディングボックスを物体の輪郭に沿うように生成したセグメンテーションマスクにも対応しており、次世代の物体検出アルゴリズムにも利用できます。下図左は"apple"での検索例です。

・Cityscapes Dataset

メルセデス・ベンツ等のブランドで有名なドイツのダイムラーらにより提供されている自動運転用のデータセットです。実際に街中を車で走り取得されたデータで、こちらもセグメンテーションマスクに対応しています。下図右は、ドイツの都市「テュービンゲン」の街中です。

■ さまざまな物体検出データセット

https://storage.googleapis.com/openimages/web/index.html

https://www.cityscapes-dataset.com/examples/

まとめ

▶ 物体検出では「どこに注目するか」と「それが何であるか」を考える

8章

システム開発と開発環境

いよいよ最後の章です。ここでは、機械学習およびディープラーニングを実装するためにはどのような開発環境が必要なのかを確認していきましょう。主要なプログラミング言語からフレームワーク、また必要なコンピュータのパーツのスペックまでを解説します。

47 人工知能プログラミングにおける主要言語

プログラミング言語は、人間がコンピュータに対して命令を伝えるための言語です。人間の言語が地域や風習によって異なるように、プログラミング言語もまた、プログラムの目的や動作環境ごとに異なります。

言語を選ぶ際のポイント

人工知能プログラミングに限りませんが、大切なのは**目的に沿ったプログラミング言語を利用**することです。エンジニアにとって、プログラミング言語の選択はその後のキャリアをも左右するといっても過言ではありません。そこでここでは、人工知能プログラミングの初学者向けに、代表的な人工知能プログラミング言語とその特徴を紹介します。まずは、プログラミング言語を選ぶにあたって、どのような観点を重視すべきなのか下の表で確認してみましょう。

■ どの観点を重視すべきか

観点	理由
人工知能ライブラリの充実度	ライブラリとは、プログラミングをする際頻繁に利用するコードがパッケージングされ、一通りそろっている「道具箱」のようなものです。ライブラリがないと必要なプログラムを一から書かなければならず、作業の手間が格段に増えるため、この点は重視しましょう。
学習のしやすさ	初学者にとって、学習のしやすさはとても重要な要素です。学習のしやすさには、文法のシンプルさやわかりやすさだけでなく、環境構築のしやすさといった導入の難易度が低いことも大切です。
コミュニティの大きさ	プログラミングを学ぶにあたっていちばん労力がかかることは、プログラムを書くこと以上に、プログラムの誤りを修正する「デバッグ」であるといえます。プログラムが正常に動かない場合、コンピュータが「エラーコード」としてその原因を教えてくれるのですが、初学者にとっては、そもそもなぜエラーコードが出るのかわからない場合も多いのです。そのようなとき助けになるのが、その言語に関するWeb上のコミュニティです。コミュニティが大きい言語であれば、エラーコードを検索するだけで対処法がわかることもしばしばで、それだけ初学者にとって学びやすい環境であるといえます。

主要なプログラミング言語①Python

以上の観点を踏まえた上でまず取り上げるのは、**Python**です。Pythonは、科学計算用のプログラミング言語として学術研究分野で多く利用されている言語です。数あるプログラミング言語の中でも、これだけ初学者が最初に習得するに適した要素を多く持つ言語はほかにありません。その特徴としては次の点が挙げられます。

- **人工知能ライブラリの充実**

  Pythonは世界中の学術研究で利用されているため、さまざまな分野の科学計算用ライブラリが作成されており、人工知能ライブラリもまた充実しています。

- **シンプルな文法で学びやすい**

  Pythonは、見やすくシンプルな言語を目指して開発されました。コードの量が少なく、また「インデント」とよばれる文法規則を必ず使用するため、初心者でも比較的読みやすいコードになります。

- **コミュニティが大きい**

  現在、Pythonは世界でもっとも勢いのある言語と呼ばれるほどホットな言語であるため、コミュニティ内での議論が活発です。

- **記述しながら実行してトライ&エラーができる**

  Pythonは、コンパイル（記述したプログラムをコンピュータが実行しやすい言葉に書き換える処理）を必要としません。これを「インタプリタ型言語」と呼びます。初学者にとって、プログラムを実行する際にいちいちコンパイルをしなくてもよい点は、トライ&エラーで学習を進めるうえで大きな利点となります。

主要なプログラミング言語② R言語

R言語は、統計・データ分析に特化したプログラミング言語です。当初は大学や研究機関で利用されていましたが、最近ではデータ分析エンジニアや一般企業でも広く利用されるようになってきています。特徴としては次の点が挙げられます。

・統計と人工知能ライブラリの充実

R言語は世界中の統計・人工知能研究で利用されているため、統計・人工知能に特化したライブラリが数多く用意されています。また、データ分析ではデータの可視化が重要になりますが、R言語であれば、高度なグラフ表現をシンプルな記述で行えるライブラリが存在します。

・最先端のアルゴリズムやノウハウに触れられる

統計・人工知能に関する最先端研究において開発されたアルゴリズムが、R言語で公開されていることが多くあります。また、Kaggleなどのコンペティションで上位入賞を果たしているプログラムにもR言語で記述されているものが少なくないため、データ分析ノウハウを吸収するのにも役立ちます。ただしR言語のコミュニティは海外のものが多く、日本語の情報ソースはあまりありません。したがって、学習の際には英語のソースを参照する必要があります。

・データサイエンティストの第一言語

近年、ビッグデータの分析を行う職種として**データサイエンティスト**の需要が急速に高まっています。データサイエンスにおいては、Python に並ぶ主要なプログラミング言語としてR言語が利用されているため、データサイエンティストを目指しているエンジニアであれば、R言語は有力な選択肢になります。

主要なプログラミング言語③ Java

Javaは、世界のさまざまな人気プログラミング言語ランキングで長らく上位に存在し続けている言語です。OSからWebサービスまで、あらゆる用途でJavaは利用されています。特徴としては次の点が挙げられます。

・プラットフォームに依存しない

Javaがもっとも優れている点は、その汎用性です。一般的なプログラミング言語では、WindowsやmacOSなど利用するプラットフォームごとにプログラムを用意しなければなりません。その点、Javaはサポートされているプラットフォームでありさえすれば、同じプログラムで動作します。つまりJavaを利用することで、Windows PCでもAndroidスマートフォンでも利用可能な人工知能を開発できるのです。

・幅広い分野とのコラボレーション

JavaはOS、Webサービス、ゲームなど幅広い分野で利用されているため、これらにJavaで用意されている豊富な人工知能ライブラリを組み込み、さまざまなコンテンツを開発することができます。

・コミュニティが大きい

Javaはこれまで幅広い分野で利用されてきたため、初学者向けのテキストをインターネットや書籍等で手軽に入手することができます。

まとめ

- プログラミング言語は、人工知能ライブラリ、学習のしやすさ、コミュニティの大きさという観点から選ぶとよい
- その観点から初心者にはPythonがおすすめであるが、そのほかR言語やJavaもそれぞれ手を付けやすい

48 機械学習用ライブラリとフレームワーク

機械学習では一般に「データの取得」→「前処理」→「機械学習」といった手順を踏みます。プログラミングによる実装においては、それぞれに対して用意されているさまざまなライブラリを活用し、効率的なコーディングを行いましょう。

機械学習の流れとライブラリ

機械学習の実装では、ただアルゴリズムのみをコーディングすればよいわけではありません。データ操作や前処理のライブラリも重要です。データ操作や前処理のライブラリはデータ形式に合わせて適切なものを利用します。

■ 機械学習における手順とライブラリ

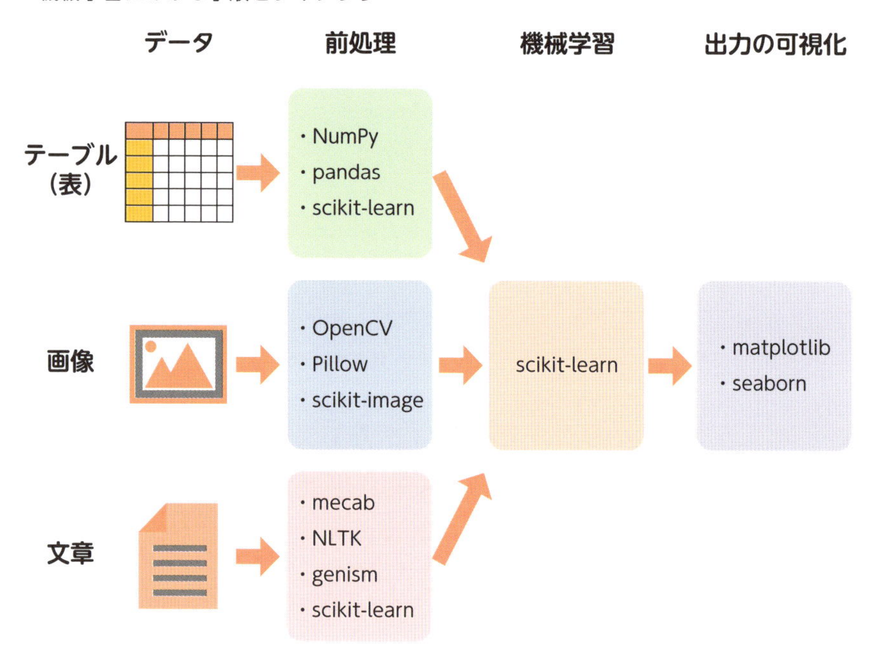

データ種類ごとの機械学習ライブラリ

Pythonでもっとも利用されている機械学習ライブラリは、**scikit-learn**です。scikit-learnは、「教師あり学習（回帰）」「教師あり学習（分類）」「教師なし学習（クラスタリング）」「次元削減」のさまざまなアルゴリズムを備えており、第4章で紹介した基本的な機械学習アルゴリズムは、ほとんどこのscikit-learnで実装できます。公式Webページにはライブラリの中身が一目でわかる**「チートシート」**（https://scikit-learn.org/stable/tutorial/machine_learning_map/index.html）も公開されており、問題に合わせて選択肢を辿っていくと適したアルゴリズムがわかります。

■ scikit-learn

https://scikit-learn.org/stable/

Pythonの科学計算を支える「NumPy」「pandas」

プログラミングにおいては、データを「変数」に格納してさまざまな処理を行いますが、一般的なプログラミング言語では科学計算で必須とされる配列（行列）データの扱いが煩雑です。しかしPythonであればそのような計算を比較的効率的に行うことができ、データの読み込みから機械学習アルゴリズムへの入力まで、プログラムを簡潔に記述できます。これは、**NumPy**や**pandas**といったライブラリによる高度なサポートのおかげです。次ページから詳しく解説していきます。

NumPyは、多次元配列を扱うためのさまざまな機能がパッケージされたライブラリです。ただデータを格納するだけではなく、データに対する線形代数やフーリエ変換、乱数生成といった数学的な処理も行えます。Pythonは、従来の科学計算などで利用されてきたC言語などの言語より演算速度が遅いと言われていますが、NumPyではこの課題を解決するために実際の計算がC言語で実行されており、それが「Pythonのプログラミングのしやすさ」と「C言語の高速性」を両立させています。

対してpandasは、同じ配列操作の中でもデータ分析に特化したライブラリであり、たとえばMicrosoft Excelのような、表形式のデータに対するさまざまな処理をサポートしています。CSVやExcel形式などのファイルからデータを読み込み、並べ替えや欠損値補完、統計処理などを行えます。こちらもNumPyと同様、重要な処理をC言語で実行することで高速性を確保しています。

文章データの前処理は「mecab」「NLTK」

自然言語処理においては、文章データに対して「形態素解析」を行う必要があることをすでに説明しました（Section36参照）。形態素解析は対象データの言語によって異なった処理を行う必要があります。Pythonのライブラリでは、日本語の形態素解析だと「**mecab**」「janome」、英語の形態素解析だと「**NLTK**」「TREE TAGGER」などがよく利用されています。

画像データの前処理は「OpenCV」

OpenCVは、コンピュータで画像や動画を処理するためのさまざまな処理を実装できるライブラリです。Python以外にもC++やJavaなどの他言語で利用されており、とてもスタンダードなライブラリであるといえます。画像のぼかしや二値化、グレースケールに拡大縮小、回転などの基本操作はもちろん、画像内のエッジを強調するエッジ検出やヒストグラムの計算など、機械学習アルゴリズムに入力するために必要な前処理を網羅しています。

■ OpenCV

エッジ検出

出典：http://opencv.jp/opencv2-x-samples/image_binarize

ヒストグラムの計算

出典：http://opencv.jp/opencv2-x-samples/color_histogram

データの可視化は「matplotlib」

機械学習において、取得したデータや予測・分類の結果を確認するために、見やすくデータを表示できることは重要です。Pythonではデータの可視化に**matplotlib**がよく利用されています。折れ線グラフや棒グラフなどの基本的なグラフから、ヒストグラムなどの統計用グラフやデータの散らばりを確認できる3D散布図など、多様な表示形式を利用できます。

■ matplotlib

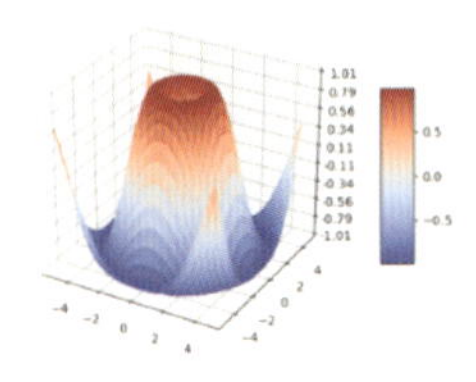

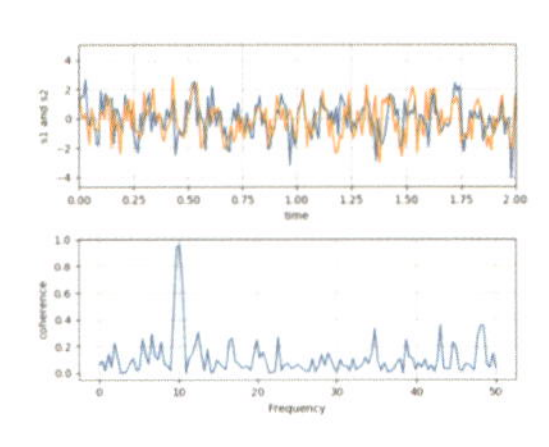

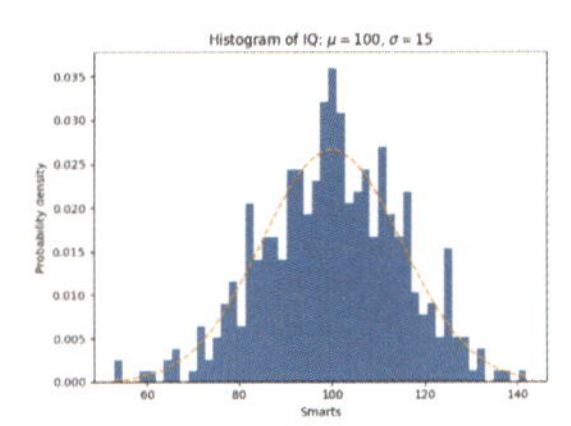

出典：https://matplotlib.org/gallery/index.html

まとめ　学習するデータの種類によってライブラリも違う

49 ディープラーニングのフレームワーク

ディープラーニングの一連の作業を一からコードに書き下していくのは非常に煩雑ですが、フレームワークを使えば簡略化できます。代表的なフレームワークとしては、TensorFlowのほかKerasやPyTorchなどがあります。

ディープラーニングのフレームワークと計算グラフ

下図は、**フレームワーク**の一覧と2018年時点でのスコアです。ほとんどのフレームワークでは、計算グラフによるネットワーク構築を行っています。計算グラフとは、下図のように演算処理を頂点（ノード）、計算の伝わり方を枝（エッジ）で表したものです。この計算グラフはf=(a+b)(b+c)を表しており、a=-1, b=3, c=4としたときの計算結果を表しています。フレームワークを使うと、このような計算グラフをかんたんに構築できます。計算グラフの構築には大きく分けて2つの手法があります。1つは**Define-and-Run**で、これは計算グラフを構築してから計算を行います。もう1つの**Define-by-Run**は計算を行うたびに計算グラフを構築する方法で、計算途中で柔軟に計算グラフを変更できるため、データの値に応じて計算処理を変更したい場合に便利です。

■ フレームワークの一覧と2018年時点でのスコア

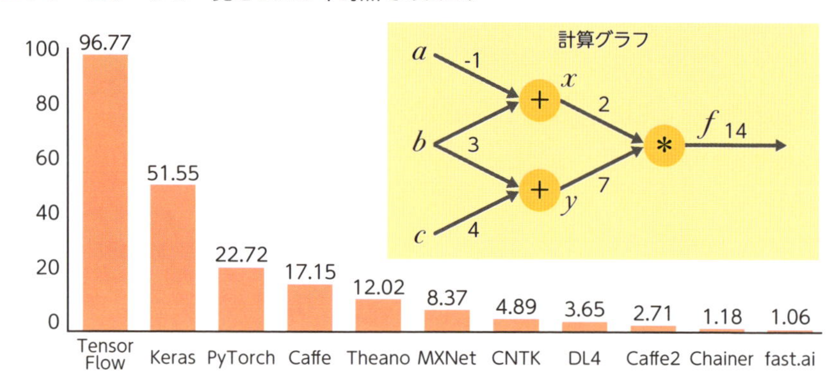

出典：https://towardsdatascience.com/deep-learning-framework-power-scores-2018-23607ddf297a

TensorFlow

　数あるディープラーニングライブラリの中で、圧倒的な人気を誇るのがGoogleの開発する**TensorFlow**です。ユーザー数が非常に多いため、公式・非公式を問わず使い方やエラーの対処方法を解説した記事をインターネット上で見付けることができます。エラーメッセージを検索するとすぐに解決方法が出てくるため、安心して使えます。

　TensorFlowには、**TensorBoard**と呼ばれる可視化ソフトウェアが付属しており、計算グラフを表示できるほか、学習がどのように進んでいったのかわかりやすく可視化できます。さらに、TensorFlow Servingとよばれるしくみもあり、TensorFlowの学習済みモデルをかんたんにサーバー上で公開・管理することも可能です。

　TensorFlowの短所は、低レベルのフレームワークであるためにコードが煩雑になりがちなことです。またDefine-and-Runアプローチを採用しているため、柔軟な計算ネットワークの構築が難しく、プログラムが複雑になることもデメリットでしょう。初学者の場合、TensorFlowではなく、そのラッパーのKeras（P.221参照）を使ったほうがよいかもしれません。なお、TensorFlow 2.0ではDefine-by-Runアプローチがメインになる見通しであるため、ここに上げた欠点も解消されていくと思われます。

■ TensorBoard

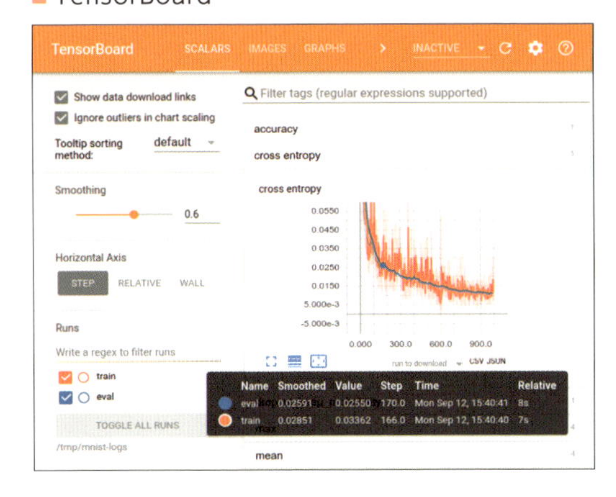

出典：https://www.tensorflow.org/guide/summaries_and_tensorboard

PyTorch

PyTorchはFacebookが開発しており、TensorFlowと双璧をなすフレームワークといえるでしょう。PyTorchはデフォルトでDefine-by-Runアプローチが取られ、動的に計算グラフを生成していくため、柔軟な計算を行えます。そのほかの長所としては、書かれたコードの通りに値を計算していくため、コードの書き方を覚える負担が比較的小さい点、pdbなどのデバッグツールを使って直感的にデバッグを行える点などがあります。ちなみに、コーディングの難易度は難しい順に、TensorFlow > PyTorch > Kerasとなっています。したがって、Kerasでは物足りないけれど難解なTensorFlowのコードをいじりたくない、といった方におすすめします。

PyTorch上には専用の可視化ソフトウェアは付属しておらず、可視化したい際はFacebookが公開しているPyTorchとNumpyに対応しているVisdomや、PyTorchでTensorBoardを使うためのtensorboardXといった外部ツールを使うことになります。

PyTorchの短所は歴史が浅いことです。それだけにTensorFlowほどのシェアはまだなく、検索しても参考になる記事が少なかったり、エラーの解決方法が出てこなかったりします。ただし近年、こういった問題はシェアの増加とともに解消しつつあります。

■ PyTorchとTensorFlowで1 + ½ + ¼ + …(=2)を計算する

PyTorch

```
import torch
x = torch.Tensor([0.])
y = torch.Tensor([1.])

for _ in range(100):
    x = x + y
    y = y / 2

print(x)
```

計算グラフの構築は実行と同時(Define-by-Run)

Tensorflow

```
import tensorflow as tf

x = tf.Variable(0.)
y = tf.Variable(1.)
add = x.assign(x + y)
div = y.assign(y / 2)
init = tf.global_variable_initializer()

with tf.Session() as sess:
    init.run()
    for _ in range(100):
        sess.run(add)
        sess.run(div)
    print(x.eval())
```

計算グラフの構築(Define)

計算の実行(Run)

Keras

すでに述べたようにTensorFlowは業界標準の技術ですが、コードの記述が煩雑なため初心者には向きません。そこでおすすめなのが**Keras**です。Kerasでは非常にかんたんなコードでモデルを組み学習を行うことができますが、その学習自体はTensorFlowが行います。つまりKerasとはTensorFlowを置き換えるものではなく、表面でKerasが、裏でTensorFlowが動いているとイメージしてください。TensorFlowを“包み込んでいる”ため、KerasはTensorFlowの**ラッパー**であると言ったり、上位部分を担当することから、Kerasは高レベルAPIであると言ったりもします。なお、Kerasは、TensorFlow以外にもTheanoやCNTKといったフレームワークを裏で動かすことも可能です。

Kerasが対応しているネットワークの種類はかなり多く、基本的なネットワークの構築であれば数行で収まることもあります（TensorFlowでは数十行書く必要があるかもしれません）。Kerasの欠点は、素のTensorFlowに比べるとモデル構築の柔軟性がないことですが、この欠点は簡潔なコード記述とのトレードオフであるともいえるでしょう。Kerasでディープラーニングのコツを掴んだら、Kerasは卒業し、素のTensorFlowでモデルが書けるようになるのがベターかもしれません。

■Keras

TensorFlow

```
import tensorflow as tf
x = tf.placeholder(tf.float32, shape=[None, 784])
y_ = tf.placeholder(tf.float32, shape=[None,10])
W = tf.Variable(tf.zeros([784, 10]))
b = tf.Variable(tf.zeros([10]))

def weight_variable(shape):
    initial = tf.truncated_normal(shape, stddev=0.1)
    return tf.Variable(initial)

def bias_variable(shape):
    initial = tf.constant(0.1, shape=shape)
    return tf.Variable(initial)

def conv2d(x, W):
    return tf.nn.conv2d(x, W, strides=[1,1,1,1], padding='SAME')

W_conv1 = weight_variable([3,3,1,32])
b_conv1 = bias_variable([32])
x_image = tf.reshape(x, [-1, 28, 28, 1])
h_conv1 = tf.nn.relu(conv2d(x_image, W_conv1) + b_conv1)
```

Keras

```
import keras
from keras.models import Sequential
from keras.layers import Dense, Dropout, Activation, Flatten
from keras.layers import Conv2D, MaxPooling2D
model = Sequential()
model.add(Conv2D(32, (3, 3), padding='same',
                 input_shape=X_train.shape[1:]))
model.add(Activation('relu'))
model.add(Conv2D(32, (3, 3)))
model.add(Activation('relu'))
model.add(MaxPooling2D(pool_size=(2, 2)))
model.add(Dropout(0.25))
```

共通フォーマットとその他のフレームワーク

- **ONNX(Open Neural Network Exchange)**

フレームワークに関係なく学習モデルを表現できるフォーマットで、Microsoft と Facebook によって発表されました。ONNX フォーマットを用いれば、PyTorch で学習させたモデルを TensorFlow 上で使うなど、フレームワークを越えた利用が可能です。また、Caffe, Caffe2 Python, C++, MATLABなどによって操作できるフレームワークであり、画像認識に用いられるCNNの学習が得意ですが、RNN や言語モデルの学習には向いていません。Facebook はこれを Caffe2 に発展させるなど、PyTorch との連携を重視しています。

- **Theano**

ディープラーニング用としてはもっとも古い Python フレームワークです。モントリオール大学が2007年から開発しています。2017年に公式サポートが終わったため、最近ではあまり使われていません。

- **MXNet**

Amazon が Amazon Web Service（AWS）用に推奨するフレームワークです。多言語対応が特徴で、Python, C++ のほかにも R, MATLAB, Perl などの言語にも対応しています。並列処理を行った場合のスピードがほかのフレームワークに比べて速くなる（スケールする）のが特徴です。

- **CNTK(Microsoft Cognitive Toolkit)**

Microsoft が開発するフレームワークで、Skype, Xbox, Cortana などに使われています。Microsoft のクラウドサービスとかんたんに連携することができ、可変長の入力が得意なのも特徴です。Windows にも強いといわれています。

- **Sonnet**

TensorFlow におけるもう一つのラッパーです。Keras と同じように、TensorFlow の煩雑なコードを簡潔化して書くことができます。主に Google の子会社である DeepMind 社の研究開発に使われています。

• DL4J(DeepLearning4J)

JavaとScalaのためのディープラーニングフレームワークです。大規模システムにおいて、HadoopやApache Sparkを使った分散処理を得意とします。Javaは機械学習の世界ではマイナーな言語のため、機械学習のライブラリがあまり充実していません。Androidアプリは Javaで作成できるため、Androidアプリに学習モデルを組み込むときには便利かもしれません。

• Chainer

日本発のフレームワークで、AIスタートアップであるPreferred Networksにより開発が行われています。PyTorchはChainerをもとに作られているため、操作はPyTorchと似通っています。Define-by-Runの思想もPyTorchと同様です。

■ Chainerのコード例（多層パーセプトロン）

```
import chainer
import chainer.functions as F
import chainer.links as L

class MLP(chainer.Chain):

    def __init__(self, n_units, n_out):
        super(MLP, self).__init__()
        with self.init_scope():
            self.l1 = L.Linear(None, n_units)
            self.l2 = L.Linear(None, n_units)
            self.l3 = L.Linear(None, n_out)

    def forward(self, x):
        h1 = F.relu(self.l1(x))
        h2 = F.relu(self.l2(h1))
        return self.l3(h2)
```

• fast.ai

PyTorchのラッパーです。TensorFlowにおけるKerasのように、PyTorchを動かすためのコーディングが比較的かんたんです。

TensorFlow, Keras, PyTorchが代表的

50 GPUプログラミングと高速化

機械学習を進める上で必ず直面するのが、計算時間の問題です。コンピュータのスペックや実行するタスク次第で数週間以上かかることもあります。ここでは、その問題を改善するGPU（Graphics Processing Unit）などについて解説します。

CPU・GPU・TPU

コンピュータはさまざまな部品が組み合わさっていますが、その中で頭脳の役割を果たしているのが**CPU（central processing unit）**です。CPUは一つ一つの作業を順番に処理していくのは得意ですが、並列処理を行うのは苦手です。機械学習では並列処理を行うことが非常に多いため、**GPU（graphics processing unit）**と呼ばれるパーツがよく使われています。graphicsと頭に付いていることからわかるように、GPUは本来、ゲームなどのグラフィックス描写のためのパーツでした。GPUは一つ一つの処理自体はCPUに比べて速くはないのですが、並列処理が圧倒的に速く行えるのが特徴です。大量のデータを一気に処理できるように、GPU自体に大容量のメモリを搭載しています。機械学習がブームになると、並列処理の得意なGPUが注目を集めるようになり、現在では機械学習においてはほぼ必須のパーツとなっています。さらに最近では、**TPU（tensor processing unit）**とよばれるディープラーニング専用のハードウェアも登場しています。

GPUを使う際、通常と違うプログラムを書く必要はありません。機械学習フレームワークにおいて、GPUに計算させたいときは1行程度のプログラムを付け加えるだけでOKです。ただし、よりGPUの機能を最適化したい場合などは、もう少し手間がかかるでしょう。

高性能のGPUは非常に高価で、メモリの容量まで増やすと100万円を超えるものもあります。そこで検討したいのがオンライン上で使える仮想環境で、時間制限はあるものの無料で使えるものもあります。有名どころでは**Google Colaboratory**と、Kaggleの**Kernel 機能**です。ちなみにこれらの仮想環境で使われている**NVIDIA Tesla K80**は、NVIDIAが販売しているGPUの中でも上位クラスであり、これを無料で使えるのは大きな魅力です。また、機械学習で使うライブラリやフレームワークはインストール済みであるため、自分で環境構築をしなくて済むのも初学者にとっては大きなメリットでしょう。

■CPU・GPU・TPUのスペックの比較

	コア数	クロック周波数	メモリ	価格	最大計算速度
CPU	4	4.2 GHz	なし	約5万円	5400億回/秒
GPU	3584	1.6 GHz	11 GB	約15万円	13.4兆回/秒
TPU	5120 CUDA, 640 Tensor	1.5 GHz	12GB	約30万円	112兆回/秒

CPU:Intel Core i7-7700k, GPU:NVIDIA RTX 2080 Ti, TPU:NVIDIA TITAN V
なお、厳密にはNVIDIA TITAN VはTPUではありません。
参照:http://cs231n.stanford.edu/slides/2019/cs231n_2019_lecture06.pdf

■CPUとGPUの計算速度の比較

モデル	CPU/GPU	計算時間（ミリ秒）
VGG-16 （画像認識のモデル）	Xeon E5-2630 v3／GeForce GTX 1080Ti	128.14
	Xeon E5-2630 v3／-	8495.48

上はCPU+GPU、下はCPUのみで、同じCPUを使用しています。
参照:https://github.com/jcjohnson/cnn-benchmarks

■Google ColaboratoryとKaggleのKernel機能

環境	利用制限時間	GPU	メモリ
Google Colabtory	12時間	NVIDIA Tesla K80	13GB
Kaggle Kernel	9時間	NVIDIA Tesla K80	16GB

まとめ

- 機械学習ではGPUが利用できる環境が望ましい

51 機械学習サービス

機械学習を実際に利用するためには、大量の学習データの収集や計算資源などに非常に大きなコストがかかります。その点、機械学習サービスを使えば、すぐに高精度の結果を得られます。ここでは国内外の機械学習サービスを見ていきましょう。

機械学習サービスとは

すでに確認してきたように、機械学習にはモデルの選定やハイパーパラメータのチューニングにある程度の知識が必要となります。また機械学習で精度のよい予測結果を得るためには、ほとんどの場合良質な大量のデータも必要です。加えて、モデルや処理するデータ量が多いなど計算負荷が高い場合には、計算資源も重要となります。これらにかかる労力やコストを削減するために利用したいのが、企業が提供している**機械学習サービス**です。機械学習サービスでは、企業が所有している学習済みの機械学習モデルを利用できます。なお機械学習サービスにはこのタイプ以外に、ユーザーが学習データだけ用意して学習や推測をすべてサービスに任せるタイプもありますが、ここでは前者について解説します。

通常、機械学習プログラムを作成するときにはデータの収集から性能の検証まで、いくつかのプロセスを踏む必要があります（Section12参照）。その中でもっとも労力やコストがかかるプロセスは、性能を追及していくのであれば「学習データの収集」と「モデルの学習」であるといえます。機械学習サービスを利用すると、この2点をサービスに任せることができるため、ユーザーはモデルによる推測を行うプログラムを書くだけで済みます。推測のプログラムは、基本的には右ページの図中のような4つの構成になりますが、機械学習サービスを利用するためには図の「モデルによる推測」の部分で各企業から提供されているAPIを使い、サービスを呼び出します。呼び出されたサービスはユーザーのプログラムから推測データを受け取り、その結果を再びAPIを通すことで、ユーザーのプログラムに返します。

■ ユーザーのコストを抑えてくれる機械学習サービス

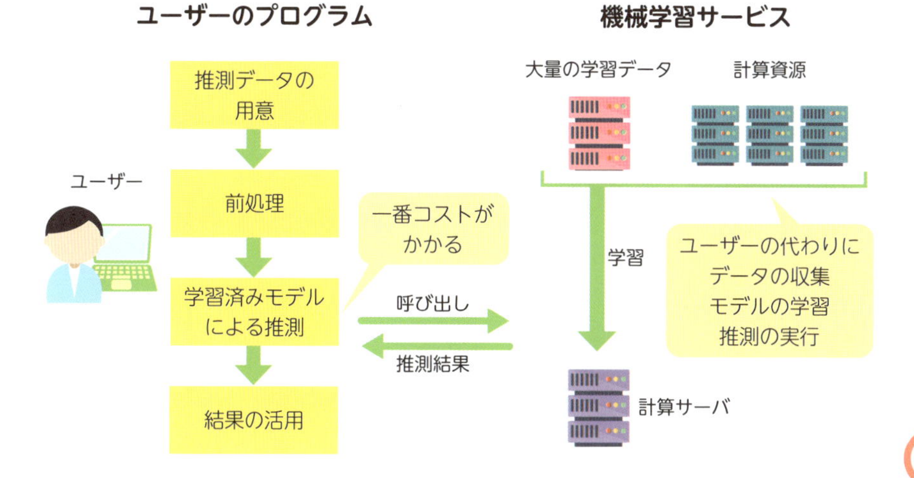

主な機械学習サービス

最後に、機械学習サービスの実例を紹介していきます。代表的なのはGoogle、Amazon、Microsoft、IBMの機械学習サービスです。これらの企業は大量のデータと豊富な計算資源を持っているため、多様なモデルのラインアップがあり、高性能であるといえます。一方で日本企業は、海外企業の弱みである日本語に関するAPIを中心に提供しています。以下の表に日本企業のYahoo!とgooのサービスおよび海外企業のサービスを紹介します。性能から料金体系までそれぞれ異なるため、よく検討して利用しましょう。

■ 日本企業によるサービス

Yahoo!	goo
日本語形態素解析 かな漢字変換 ルビ振り 校正支援 日本語係り受け解析 キーフレーズ抽出 自然言語理解　など	形態素解析API 固有表現抽出API ひらがな化API キーワード抽出API 時刻情報正規化API テキストペア類似度API スロット値抽出API　など

■ 海外企業によるサービス

	Google (Google Cloud AI)	Amazon (Amazon Web Services)	Microsoft(Azure Cloud Cognitive Service)	IBM(IBM Watson)
画像系	Cloud Video Intelligence API（動画分析） Cloud Vision API（画像分析）	Amazon Rekognition（画像・動画分析）	Computer Vision（画像分析） Face（顔分析） Video Indexer（動画分析） Content Moderator（コンテンツフィルタリング）	Visual Recognition（画像認識）
音声系	Cloud Speech-to-Text（音声認識） Cloud Text-to-Speech（音声合成）	Amazon Transcribe（音声認識） Amazon Polly（音声合成） Amazon Lex（対話）	Speech to Text（音声認識） Text to Speech（音声合成） Speaker Recognition（話者認識） Speech Translation（翻訳）	Speech to Text（音声認識） Text to Speech（音声合成）
言語系	Cloud Natural Language API（テキスト分析） Cloud Translation API（翻訳）	Amazon Textract（テキスト抽出）	Text Analytics（テキスト分析） Translator Text（翻訳） Q&A Maker（Q&A抽出） Content Moderator（コンテンツフィルタリング） Language Understanding（言語理解）	Natural Language Understanding（テキスト分析） Language Translator（翻訳） Natural Language Classifier（テキスト分類） Personality Insights（性格分析） Tone Analyzer（感情分析）

まとめ

- **企業が提供している機械学習サービスを利用する方が効率的であるケースも多い**

おわりに

現在の機械学習の急速な普及を「第3次人工知能ブーム」と呼び、その終焉を予期する論評は数多く存在します。筆者もまた、この「第3次人工知能ブーム」は終焉すると考えています。ただしこの終焉とは「利用されなくなること」ではなく、広く社会に浸透することにより「あたかも存在しないかのように、意識されなくなること」を意味します。

かつてコンピュータやデータ通信が「IT」として世の中に現れたとき、それは一部の専門家のものでした。しかし今では社会の隅々にまで浸透し、ITは水道・ガス・電気と同様に「インフラ」となっています。もちろん、機械学習がこのような存在になるにはまだ時間がかかるでしょう。しかし、本書を通してその根幹に触れていただいたあなたには、機械学習の持つインフラとしての高いポテンシャルが感じられたはずです。

ITがインフラとなった現代において、ITをうまく活用できるかどうかは、個人や企業の業績に大きな影響を与えています。同じように、機械学習がインフラとなるであろう社会では、いかに機械学習をうまく活用できるかが重要となるでしょう。とはいえ、AIエンジニアであるかどうかは必ずしも関係ありません。機械学習の特性を正しく理解し、ツールとして最大限に活用できる人こそが、これからの時代に活躍するのです。

またツールとしての機械学習ではなく、その真髄に触れたいと感じたのであれば、線形代数をはじめとする基礎分野を学びましょう。機械学習は伸び盛りの分野であるため、最先端の研究を知るためには専門的なドキュメントを読む必要がありますが、世界中で毎日のように公開されている新たなアルゴリズムは、基礎を学ぶ大変さ以上の面白さをあなたに与えてくれることでしょう。

本書がこれからの機械学習の時代を生きる読者の一助となることを願っています。

山口　達輝

参考文献

- 『人工知能は人間を超えるか』松尾豊（著）KADOKAWA（2015）
- 『人工知能とは』松尾 豊（著, 編集）、中島 秀之（著）、西田 豊明（著）、溝口 理一郎（著）、長尾 真（著）、堀 浩一（著）、浅田 稔（著）、松原 仁（著）、武田 英明（著）、池上 高志（著）、山口 高平（著）、山川 宏（著）、栗原 聡（著）、人工知能学会（監修）（2016）
- 『イラストで学ぶ 人工知能概論』谷口忠大（著）講談社（2014）
- 『いちばんやさしい人工知能ビジネスの教本 AI・機械学習の事業化（「いちばんやさしい教本』二木康晴（著）、塩野 誠（著）インプレス（2017）
- 『人工知能: AIの基礎から知的探索へ』趙強福（著）、樋口龍雄（著）共立出版（2017）
- 『あたらしい人工知能の教科書／サービス開発に必要な基礎知識』多田智史（著）翔泳社（2016）
- 『人工知能の哲学』松田雄馬（著）東海大学出版会（2017）本位田真一ほか
- 『IT Text 人工知能（改訂2版）』松本 一教（著）、宮原 哲浩（著）、永井 保夫（著）、市瀬 龍太郎（著）　オーム社（2016）
- 『Large Scale Visual Recognition Challenge 2012』（http://image-net.org/challenges/LSVRC/2012/ilsvrc2012.pdf）
- 『Building High-level Features Using Large Scale Unsupervised Learning』（https://arxiv.org/pdf/1112.6209.pdf）
- 『ビッグデータと人工知能-可能性と罠を見極める』西垣 通（著）　中公新書（2016）
- 『芝麻信用』（http://www.xin.xin/#/detail/1-0-0）
- 『MLPシリーズ画像認識』原田 達也（著）　講談社（2017）
- 『ゼロから作るDeep Learningゼロから作るDeep Lerning 』斎藤 康毅（著）オライリーJapan（2016）
- 『知識のサラダボウル（ロジスティック回帰分析）』（https://omedstu.jimdo.com/2018/09/16/%E3%83%AD%E3%82%B8%E3%82%B9%E3%83%86%E3%82%A3%E3%83%83%E3%82%AF%E5%9B%9E%E5%B8%B0%E5%88%86%E6%9E%90/）
- 「統計学入門」東京大学出版会 東京大学教養学部統計学教室（編）（1991）
- 『Iris Data Set』（https://archive.ics.uci.edu/ml/datasets/iris）
- 『Hands-On Machine Learning with Scikit-Learn and TensorFlow』Aurelien Geron（著）O'Reilly Media（2017）
- 『Python機械学習プログラミング』Sebastian Raschka,（著）Vahid Mirjalili（著）
- 『アサインナビ データサイエンティストのお仕事とは？　第9回決定木編』（https://assign-navi.jp/magazine/consultant/c41.html）
- 『開発者ブログ　第10回 決定木とランダムフォレストで競馬予測』（https://alphaimpact.jp/2017/03/30/decision-tree/）
- 『環境と品質のためのデータサイエンス　特徴量エンジニアリング』（http://data-science.tokyo/ed/edj1-5-3.html）
- 『WEB ARCH LABO MNIST データの仕様を理解しよう』（https://weblabo.oscasierra.net/python/ai-mnist-data-detail.html）
- 『scikit-learn Dataset loading utilities』（https://scikit-learn.org/stable/datasets/index.html#toy-datasets）
- 『Pcon-AI　機械学習って？』（https://pconbt.jp/mllanding/）
- 『クラスタリングとレコメンデーション資料』堅田 洋資（https://www.slideshare.net/ssuserb5817c/ss-70472536）
- 「てっく煮ブログ クラスタリングの定番アルゴリズム「K-means法」をビジュアライズしてみた」（http://tech.nitoyon.com/ja/blog/2009/04/09/kmeans-visualise/）
- 「engadget Watch AlphaGo vs. Lee Sedol（update: AlphaGo won）」（https://www.engadget.com/2016/03/12/watch-alphago-vs-lee-sedol-round-3-live-right-now/?guccounter=1&guce_referrer=aHR0cDovL2Jsb2cuYnJhaW5wYWQuY28uanAvZW50cnkvMjAxNy8wMi8yNC8xMjE1MDA&guce_referrer_sig=AQAAADMUSPSO3nlwpWnXrTa6NoN7BWck4_cnL4w-OFL-L9ahMyFHMZVgiz6R-HVcHlla4FCteCPLYeXaoQ7VDTK3R4n3phVg5Ztg7Pt_unVFCrtuK9SI-_EkLhsl3s_Ne8NfaGP54IduAhpQ_go7ohrQQKsG2yB0_yJDBPTzroPk_gO8）
- 『Sideswipe 強化学習』（http://kazoo04.hatenablog.com/entry/agi-ac-14）
- 『東芝デジタルソリューションズ株式会社 ディープラーニング技術：深層強化学習』（https://www.toshiba-sol.co.jp/tech/sat/case/1804_1.htm）
- 『Gym classic control』（https://gym.openai.com/envs/#classic_control）

- 『六本木で働くデータサイエンティストのブログ「統計学と機械学習の違い」はどう論じたら良いのか』（https://tjo.hatenablog.com/entry/2015/09/17/190000）
- 『年齢別　都市階級別　設置者別　身長・体重の平均値及び標準偏差』（https://www.e-stat.go.jp/stat-search/file-download?statInfId=000031685238&fileKind=0）
- 「結局、機械学習と統計学は何が違うのか？」西田 勘一郎（https://qiita.com/KanNishida/items/8ab8553b17cb57e772d）
- 「人工知能の歴史」（https://www.ai-gakkai.or.jp/whatsai/AIhistory.html）
- 『自動運転LAB.【最新版】自動運転車の実現はいつから？世界・日本の主要メーカーの展望に迫る』（https://jidounten-lab.com/y_1314）
- 『IEEE SPECTRUM Pittsburgh's AI Traffic Signals Will Make Driving Less Boring』（https://spectrum.ieee.org/cars-that-think/robotics/artificial-intelligence/pittsburgh-smart-traffic-signals-will-make-driving-less-boring）
- 『人工知能とビッグデータの金融業への活用』（https://www.nomuraholdings.com/jp/services/zaikai/journal/pdf/p_201701_02.pdf）
- 『デジタルイノベーション　金融分野におけるAI活用』（https://www.nri.com/-/media/Corporate/jp/Files/PDF/knowledge/publication/kinyu_itf/2018/08/itf_201808_7.pdf）
- 『PR TIMES　「Scibids」（AI（機械学習）を用いたアルゴリズムによるDSP広告自動運用最適化ソリューション）の日本パートナー企業としてアドフレックスがサービス提供開始』（https://prtimes.jp/main/html/rd/p/000000029.000016900.html）
- 『ITソリューション塾　【図解】コレ１枚で分かるルールベースと機械学習』（https://blogs.itmedia.co.jp/itsolutionjuku/2016/10/post_308.html）
- 『仕事で始める機械学習』有賀 康顕（著）、中山 心太（著）、西林 孝（著）オライリージャパン（2018）
- 『keywalker Webスクレイピングとは』（https://www.keywalker.co.jp/web-crawler/web-scraping.html）
- 『WebAPIについての説明』@busyoumono99（https://qiita.com/busyoumono99/items/9b5ffd35dd521bafce47）
- 『Pythonによるスクレイピング＆機械学習 開発テクニック』クジラ飛行机（著）ソシム（2016）
- 『Pythonによるクローラー＆スクレイピング入門 設計・開発から収集データの解析まで』加藤 勝也（著）、横山 裕季（著）翔泳社（2017）
- 『Instruction of chemoinformatics　精度評価指標と回帰モデルの評価』（https://funatsu-lab.github.io/open-course-ware/basic-theory/accuracy-index/）
- 『統計WEB 決定係数と重相関係数』（https://bellcurve.jp/statistics/course/9706.html）
- 『算数から高度な数学まで、網羅的に解説したサイト　いろいろな誤差の意味（RMSE、MAEなど）』（https://mathwords.net/rmsemae）
- 『ベイズ的最適化（Bayesian Optimization）の入門とその応用』issei_sato（https://www.slideshare.net/issei_sato/bayesian-optimization）
- 『能動学習セミナー』大岩秀和（https://www.slideshare.net/pfi/20120105-pfi）
- 『DataCamp Active Learning: Curious AI Algorithms』（https://www.datacamp.com/community/tutorials/active-learning）
- 『An Introduction to Probabilistic Programming』（https://arxiv.org/pdf/1809.10756.pdf）
- 『PYMC3 Lets look at what the classifier has learned』（https://docs.pymc.io/notebooks/bayesian_neural_network_advi.html）
- 『徹底研究! 情報処理試験　相関係数，正の相関，負の相関』（http://mt-net.vis.ne.jp/ADFE_mail/0208.html）
- 「東洋経済Plus 経済学で進むフィールド実験」伊藤 公一朗（https://premium.toyokeizai.net/articles/-/16901）
- 『データ分析の力　因果関係に迫る思考法』伊藤公一朗（著）岩波データサイエンス Vol．3（2017）
- 『hidden technical debt in machine learning systems』（https://papers.nips.cc/paper/5656-hidden-technical-debt-in-machine-learning-systems.pdf）
- 『hidden technical debt in machine learning systems』（https://storage.googleapis.com/pub-tools-public-publication-data/pdf/43146.pdf）
- 『Deep Sequence Modeling MIT 6.S191』（http://introtodeeplearning.com/materials/2019_6S191_L2.pdf）
- 『MIT Deep Learning Basics: Introduction and Overview』Lex Fridman（https://www.youtube.com/watch?v=O5xeyoRL95U&list=PLrAXtmErZgOeiKm4sgNOknGvNjby9efdf）

- 『Deep Learning Basics』(https://www.dropbox.com/s/c0g3sc1shi63x3q/deep_learning_basics.pdf?dl=0)
- 『OpenAI A non-exhaustive, but useful taxonomy of algorithms in modern RL.』(https://spinningup.openai.com/en/latest/spinningup/rl_intro2.html)
- 『Introduction to Deep Reinforcement Learning』(https://www.dropbox.com/s/wekmlv45omd266o/deep_rl_intro.pdf?dl=0)
- 『Actor-Critic Algorithms』(http://rail.eecs.berkeley.edu/deeprlcourse/static/slides/lec-6.pdf)
- 『MIT 6.S091: Introduction to Deep Reinforcement Learning (Deep RL)』Lex Fridman (https://www.youtube.com/watch?v=zR11FLZ-O9M&list=PLrAXtmErZgOeiKm4sgNOknGvNjby9efdf)
- 『MIT 6.S191: Deep Reinforcement Learning』Alexander Amini (https://www.youtube.com/watch?v=i6Mi2_QM3rA&list=PLtBw6njQRU-rwp5__7C0oIVt26ZgjG9NI)
- 『introduction to autoencoders.』(https://www.jeremyjordan.me/autoencoders/)
- 『ResearchGate Fig 1- uploaded by Xifeng Guo』(https://blog.sicara.com/keras-tutorial-content-based-image-retrieval-convolutional-denoising-autoencoder-dc91450cc511)
- 『機械学習スタートアップシリーズ これならわかる深層学習入門』瀧雅人(著)講談社サイエンティフィク(2017)
- 『Towards Data Science Generative Adversarial Networks (GANs) — A Beginner's Guide』
- (https://towardsdatascience.com/generative-adversarial-networks-gans-a-beginners-guide-5b38eceece24)
- 『UNSUPERVISED REPRESENTATION LEARNING WITH DEEP CONVOLUTIONAL GENERATIVE ADVERSARIAL NETWORKS』(https://arxiv.org/pdf/1511.06434.pdf)
- 「物体検出の歴史まとめ」@mshinoda88 (https://qiita.com/mshinoda88/items/9770ee671ea27f2c81a9)
- 『Object detection: speed and accuracy comparison (Faster R-CNN, R-FCN, SSD, FPN, RetinaNet and YOLOv3)』Jonathan Hui (https://medium.com/@jonathan_hui/object-detection-speed-and-accuracy-comparison-faster-r-cnn-r-fcn-ssd-and-yolo-5425656ae359)
- 『DeepClusterでお前をクラスタリングしてやれなかった』ぺすちん (http://pesuchin.hatenablog.com/entry/2018/12/18/092150)
- 『Cornell University Deep Clustering for Unsupervised Learning of Visual Features』(https://arxiv.org/abs/1807.05520)
- 『RankRed 8 Best Artificial Intelligence Programming Language in 2019』(https://www.rankred.com/best-artificial-intelligence-programming-language/)
- 『TIOBE Index for July 2019　July Headline: Perl is one of the victims of Python's hype』(https://www.tiobe.com/tiobe-index/)
- 『scikit-learn Choosing the right estimator』(https://scikit-learn.org/stable/tutorial/machine_learning_map/index.html)
- 『Deep Learning Frameworks 2019』Siral Raval (https://www.youtube.com/watch?v=SJldOOs4vB8)
- 『Towards Data Science And here's the pretty chart again showing the final power scores.』(https://towardsdatascience.com/deep-learning-framework-power-scores-2018-23607ddf297a)
- 『Medium Breaking down Neural Networks: An intuitive approach to Backpropagation　Computational graph for the example f=(a+b)(b+c) with a = -1, b = 3 and c = 4.』(https://medium.com/spidernitt/breaking-down-neural-networks-an-intuitive-approach-to-backpropagation-3b2ff958794c)
- 『TensorFlow TensorBoard: Visualizing Learning』(https://www.tensorflow.org/guide/summaries_and_tensorboard)
- 『TensorFlow 2.0 Changes』Aurélien Géron (https://www.youtube.com/watch?v=WTNH0tcscqo)
- 『TensorFlow TensorFlowを使ってみる』(https://www.tensorflow.org/get_started/mnist/pros)
- 『Deep MNIST for Experts Build a Multilayer Convolutional Network』(https://web.archive.org/web/20171119014758/https://www.tensorflow.org/get_started/mnist/pros)
- 『GitHub keras/examples/mnist_cnn.py』(https://github.com/keras-team/keras/blob/master/examples/mnist_cnn.py)
- 「Microsoft Azure ONNX と Azure Machine Learning:ML モデルの作成と能率化」(https://docs.microsoft.com/ja-jp/azure/machine-learning/service/concept-onnx)
- 『GitHub chainer/examples/mnist/train_mnist.py』(https://github.com/chainer/chainer/blob/master/examples/mnist/train_mnist.py)
- 「CUDA高速GPUプログラミング入門」岡田賢治(著)秀和システム(2010)
- 『Yahoo!デベロッパーネットワーク　Yahoo! JAPANが提供するテキスト解析WebAPI』(https://developer.yahoo.co.jp/webapi/jlp/)

- 『gooラボ　API』(https://labs.goo.ne.jp/api/)
- 『docomo Developer support API』(https://dev.smt.docomo.ne.jp/?p=docs.api.index)
- 『リクルート TalkAPI DEMO』(https://a3rt.recruit-tech.co.jp/)
- 『Google Cloud AI と機械学習のプロダクト』(https://cloud.google.com/products/ai/)
- 『aws AIサービス』(https://aws.amazon.com/jp/machine-learning/ai-services/)
- 『Microsoft Azure Cognitive Services』(https://azure.microsoft.com/ja-jp/services/cognitive-services/)
- 『IBM Watoson 今すぐ使えるWatson API／サービス一覧』(https://www.ibm.com/watson/jp-ja/developercloud/services-catalog.html)
- 『scikit-learn 1.1. Generalized Linear Models』(https://scikit-learn.org/stable/modules/linear_model.html)
- 『Analytics Vidhya This can be verified by looking at the plots generated for 6 models/ This would generate the following plot』(https://www.analyticsvidhya.com/blog/2016/01/complete-tutorial-ridge-lasso-regression-python/)
- 『Rで学ぶロバスト推定』@sfchaos (https://www.slideshare.net/sfchaos/r-7773031)
- 『Robotics - 4.3.3 - RANSAC - Random Sample Consensus I』Bob Trenwith (https://www.youtube.com/watch?v=BpOKB3OzQBQ)
- 『Support Vector Machines for Classification These instances are called the support vectors. The distance between the edges of "the street" is called margin./ It is quite sensitive to outliers.』(https://mubaris.com/posts/svm/)
- 『ResearchGate Predicting Top-of-Atmosphere Thermal Radiance Using MERRA-2 Atmospheric Data with Deep Learning』(https://www.researchgate.net/publication/320916953_Predicting_Top-of-Atmosphere_Thermal_Radiance_Using_MERRA-2_Atmospheric_Data_with_Deep_Learning/figures?lo=1Figure 5)
- 『コンサルでデータサイエンティスト　One class SVM による外れ値検知についてまとめた』hktech (http://hktech.hatenablog.com/entry/2018/10/11/235312)
- 『scikit-learn The advantages of support vector machines are:』(https://scikit-learn.org/stable/modules/svm.html#svm-classification)
- 『scikit-learn Classification』(https://scikit-learn.org/stable/modules/svm.html#svm-classification)
- 『情報意味論（4）決定木と過学習　Reduced-Error Pruning』櫻井彰人 (http://www.sakurai.comp.ae.keio.ac.jp/classes/infosem-class/2004/04DTandOverFitting.pdf)
- 『Quora What is the interpretation and intuitive explanation of Gini impurity in decision trees?』(https://www.quora.com/What-is-the-interpretation-and-intuitive-explanation-of-Gini-impurity-in-decision-trees)
- 『アンサンブル学習 (Ensemble learning) とバスケット分析 (basket analysis)』@nirperm (https://qiita.com/nirperm/items/318d7e210c059373f8d2)
- 『Medium Figure 3 Bagging』(https://medium.com/better-programming/how-to-develop-a-robust-algorithm-c38e08f32201)
- 『Medium Understanding AdaBoost』(https://towardsdatascience.com/understanding-adaboost-2f94f22d5bfe)
- 『Medium Random Forest Simple Explanation』(https://medium.com/@williamkoehrsen/random-forest-simple-explanation-377895a60d2d)
- 『Medium So if we train a Random Forest Classifier on these predictions of LR,SVM,KNN we get better results.』(https://medium.com/@gurucharan_33981/stacking-a-super-learning-technique-dbed06b1156d)
- 『Wikimedia Commons　File:Neuron Hand-tuned.svg』(https://commons.wikimedia.org/wiki/File:Neuron_Hand-tuned.svg)
- 『Restricted Boltzmann Machine (RBM) , Deep Belief Network (Hinton, 2006)』(http://www.vision.is.tohoku.ac.jp/files/9313/6601/7876/CVIM_tutorial_deep_learning.pdf)
- 『FAST AND ACCURATE DEEP NETWORK LEARNING BY EXPONENTIAL LINEAR UNITS (ELUS)　Figure 1』(https://arxiv.org/pdf/1511.07289.pdf)
- 「TesorFlow」(https://playground.tensorflow.org/)
- 『Google Cloud 機械学習のワークフロー』(https://cloud.google.com/ml-engine/docs/tensorflow/ml-solutions-overview?hl=ja)

索引 Index

記号・アルファベット

あ行

か行

さ行

た行

な行

は行

ま行・や行・ら行

著者紹介

山口　達輝（やまぐち　たつき）

株式会社アイデミーエンジニア。Aidemy Premium Planにおいて、受講者に対する基本的な機械学習プログラミングの指南から、実践的な機械学習システムの実装までをフォローアップする。
大学ではモビリティの自動運転技術を専攻していたものの、偶然取っていた他学科の講義で講師の与太話に機械学習の可能性を感じ、AIエンジニアとなる。
現在の興味は、人工知能と脳科学の学際領域。人間の心とは何か、中学生時代から抱いていた興味を再び胸に、認知科学の論文を読み漁る。

松田　洋之（まつだ　ひろゆき）

株式会社アイデミーエンジニア。Aidemy Premium Plan受講者に対する質問回答・カウンセリングや、Aidemyの教材修正に携わる。
元々は文系出身。高校在学中の数学の思い出は、三角関数の加法定理で挫折したこと。一度は文系学問（経済学）を専攻することを決めていたものの、大学在学中に工学系に転じ、機械学習エンジニアとなる。興味は、経済学と情報科学の融合領域。前者では財の配分の最適化を、後者では計算資源の最適化を考えるという点で、両者はそれほど変わらないのではないかと考えている。また、機械学習では積分をほとんど使わないと感じており、文系出身であっても正しく学べば機械学習エンジニアへの道が開けると確信している。

10秒で始められる人工知能学習サービス

- 面倒な環境構築は必要なし、いつでもどこでも学習開始。
- 事前学習が不要で、コードを書きながら学べる。

https://aidemy.net

GOOD DESIGN AWARD 2018

株式会社アイデミーは、「AIを始めとする先端技術と産業領域の融合に取り組む人と組織を支援する。」をミッションとする、東大発のベンチャー企業です。主力サービス「Aidemy」は、日本最大級のAIに強い組織体制を構築するためのクラウドソリューションであり、利用ユーザーは3万5千人を超えています。さらに、教育・研修を切り口にして、要件定義・試作品（PoC）の開発支援など、AIプロジェクト成功に必要なソリューションをワンパッケージで提供し、法人の「AIに強い組織づくり」を支援しています。

Aidemy Premium Plan

Aidemyを用い、お申し込み期間内の学習を全面サポートするオンラインパーソナルトレーニングサービスです。

https://aidemy-premium.net

Aidemy Business

人材育成だけではなく、AIプロジェクトに取り組む組織の構築からサポートする法人向けサービスです。

https://business.aidemy.net

■お問い合わせについて

・ご質問は本書に記載されている内容に関するものに限定させていただきます。本書の内容と関係のないご質問には一切お答えできませんので、あらかじめご了承ください。
・電話でのご質問は一切受け付けておりませんので、FAXまたは書面にて下記問い合わせ先までお送りください。また、ご質問の際には書名と該当ページ、返信先を明記してくださいますようお願いいたします。
・お送り頂いたご質問には、できる限り迅速にお答えできるよう努力いたしておりますが、お答えするまでに時間がかかる場合がございます。また、回答の期日をご指定いただいた場合でも、ご希望にお応えできるとは限りませんので、あらかじめご了承ください。
・ご質問の際に記載された個人情報は、ご質問への回答以外の目的には使用しません。また、回答後は速やかに破棄いたします。

■装丁 ―――― 井上新八
■本文デザイン ―――― BUCH+
■本文イラスト ―――― リンクアップ
■担当 ―――― 宮崎主哉
■編集／DTP ―――― リンクアップ

図解即戦力 機械学習＆ディープラーニングのしくみと技術がこれ１冊でしっかりわかる教科書

書籍情報

2019年9月14日　初版　第1刷発行
2022年5月31日　初版　第5刷発行

著　者　株式会社アイデミー　山口達輝／松田洋之
発行者　片岡　巌
発行所　株式会社技術評論社
東京都新宿区市谷左内町21-13
電話　03-3513-6150　販売促進部
03-3513-6160　書籍編集部
印刷／製本　株式会社加藤文明社

©2019　山口達輝／松田洋之

定価はカバーに表示してあります。
本書の一部または全部を著作権法の定める範囲を超え、無断で複写、複製、転載、テープ化、ファイルに落とすことを禁じます。
造本には細心の注意を払っておりますが、万一、乱丁（ページの乱れ）や落丁（ページの抜け）がございましたら、小社販売促進部までお送りください。送料小社負担にてお取り替えいたします。

ISBN978-4-297-10640-9 C3055　Printed in Japan

■問い合わせ先
〒162-0846
東京都新宿区市谷左内町21-13
株式会社技術評論社 書籍編集部
「図解即戦力　機械学習＆ディープラーニングのしくみと技術がこれ1冊でしっかりわかる教科書」係
FAX：03-3513-6167
技術評論社ホームページ
https://book.gihyo.jp/116